5-7, rue de l'Ecole-Polytechnique, 75005 Paris

www.editions-harmattan.fr

ISBN : 978-2-343-25208-7
EAN : 9782343252087

Transition énergétique bas-carbone

Obstacles et enjeux

Collection *Sociologies et environnement*
dirigée par Salvador JUAN

Le « progrès » est aussi progrès d'une menace de plus en plus exportée vers les pays les plus dépendants. Trop peu de travaux sociologiques émergent pour rendre intelligibles les tendances profondes d'une société à la fois plus inhumaine, plus dangereuse pour les équilibres du milieu et plus riche. La collection *Sociologies et environnement* est née de ce constat. Certes, selon le mot du poète Hölderlin, *avec la menace croît ce qui sauve*, mais seule une conscience informée des risques et de ce qui provoque la dégradation tant de la qualité que des conditions de vie est susceptible de se concrétiser en réformes humainement supportables et socialement admissibles...
Dans une perspective socio-anthropologique et critique, tant des questions d'environnement global que d'écologie urbaine et de vie quotidienne, en articulant les interprétations théoriques et les résultats empiriques, la collection *Sociologies et environnement* entend participer à l'émergence de cette conscience sociale. Elle présente aussi les alternatives portées par les mouvements sociaux et les pratiques de résistance contestant le productivisme ou la domination des appareils technocratiques.

Derniers ouvrages parus dans la collection :

* *Risques et environnement,*

* *Disposer de la nature,*

* *Consommer autrement,*

* *Hydrogène et transition énergétique*

* *L'action publique agri-environnementale,*

* *Quelle gouvernance au service de la mobilité durable ?*

* *Le risque biologique, une approche transdiciplinaire.*

* *L'agroécologie en Argentine et en rance.*

* *Environnement et sciences sociales en France et en Allemagne,*

* *L'agriculture à l'épreuve de l'environnement*

* *Capitalisme ou technocratie ?*

* *Dans la fabrique des transitions écologiques*

Sous la direction de
Frédérick LEMARCHAND

Transition énergétique bas-carbone

Obstacles et enjeux

L'Harmattan

Du même auteur

La vie contaminée. Éléments pour une socio-antropologie des sociétés épidémiques, Paris : L'Harmattan, 2000.

Remerciements

Que soient ici chaleureusement remerciés tous les contributeurs à cet ouvrage, dont la plupart furent également des collègues de recherche, ainsi que tous les citoyens qui ont donné de leur temps et de leur imagination aux innombrables ateliers organisés par le Dôme. Saluons également et tout particulièrement le travail de Louis Lasnon, étudiant de master GREEN et contributeur, qui a assuré le secrétariat d'édition. Mes remerciements vont également à Pascal Buléon, directeur de la MRSH de Caen et à Bruno Dosseur, directeur du Dôme, pour leurs encouragements et leur soutien de tous les instants. Merci à Lamri Adoui, Président de l'Université de Caen Normandie, qui nous fit l'honneur d'ouvrir le colloque dont cet ouvrage constitue les actes améliorés, ainsi qu'au personnel qui rendit cette aventure possible. Nous remercions enfin l'ANR et la Région Normandie pour la confiance qu'elles ont su témoigner à l'équipe en financement cet important travail de recherche.

Sommaire

Préface

Frederick Lemarchand – Professeur de sociologie
à l'Université de Caen Normandie.
Codirecteur du CERREV/MRSH de Caen

Porté par un consortium animé par la Maison de la recherche en sciences humaines de l'Université de Caen Normandie (MRSH Caen Normandie) et la Maison des sciences de l'Homme de l'Université de Bourgogne (MSH Dijon), en association avec Le Dôme, le programme de recherche "Transition énergétique, territoires, hydrogène et société" (TÉTHYS), et sa déclinaison régionale "Approche régionale de la transition mixte industrielle et sociétale" (ARTÉMIS), arrivent, en 2021, à l'heure des conclusions. Les trois partenaires ont organisé à cette occasion un colloque, à vocation participative, pour faire le point sur les enjeux et obstacles à la transition énergétique bas-carbone, qui s'est tenu les 25 et 26 mars 2021 au Dôme (centre de culture scientifique et technique normand) sur la presqu'île de Caen. Le présent ouvrage constitue les actes (augmentés) de cette manifestation qui clôt une aventure de recherche qui mobilisa une vingtaine de chercheurs et des centaines de citoyens et qui fut, d'un point de vue scientifique, une première à bien des égards. C'était la première fois, en effet, qu'un projet intersectoriel de cette envergure portant sur la transition énergétique était emmené par les sciences humaines et non pas, comme à l'habitude, les sciences pour l'ingénieur. C'était la première fois qu'un tiers-lieu (*livinglab*) était intégré dans un programme de l'Agence Nationale de la Recherche comme partenaire de recherche, à l'égal d'un laboratoire, et non comme simple relai de valorisation. C'était la première fois, enfin, que la question des usages de l'hydrogène allait faire l'objet d'une recherche participative – qui ne fut pas de tout repos – notamment grâce au concours du laboratoire LUSAC de l'Université de Caen.

La recherche menée entre autres par la MRSH Caen Normandie et son homologue, la MSH Dijon se proposait de répondre à un ensemble de questions inhérentes au processus de transition énergétique liée à l'hydrogène. Aux logiques verticales et descendantes des processus initiés par les Régions et les industriels, peut-on opposer d'autres définitions de la transition ? Y a-t-il de nouveaux référents de la transition à inventer pour faire advenir un modèle décentralisé et territorialisé ? Comment faire pour que la technique ne serve pas un filtre régulant l'accès aux moyens de la transition, mais un vecteur fédérateur servant à fabriquer des citoyennetés environnementales ? L'enjeu de cette restitution-débat fut de produire une analyse sociétale des enjeux de la transition énergétique sur la base d'un dispositif empirique et expérimental novateur, à l'intersection des sphères du savoir, de la gouvernance, de la recherche (innovation) et des pratiques (usages). Le Dôme a donc accueilli, sous la forme de conférences, tables-rondes et d'ateliers participatifs, les chercheurs des projets "TÉTHYS" et "ARTÉMIS" ainsi qu'un panel d'experts nationaux dont les historiens des techniques François Jarrige (Université de Bourgogne) et Jean-Baptiste Fressoz (CNRS).

Les chercheurs du consortium, que j'ai eu l'immense plaisir d'accompagner par la direction scientifique des projets, ont pour particularité d'appartenir pour une part au champ des sciences pour l'ingénieur, et pour une autre au champ des sciences humaines. L'une des ambitions épistémologiques de cet ouvrage est donc d'apporter une contribution de la sociologie pragmatique à l'éclairage de la complexité qui est celle de notre époque : le défi civilisationnel d'entreprendre un changement social sans précédent dans l'histoire, celui de quitter notre dépense à un modèle qui est toujours efficient d'un point de vue technique (le carbone), mais suicidaire du point de vue climatique, pour bâtir une nouvelle politique de l'anthropocène. Annoncer les enjeux de la sorte signifie qu'il nous faut nous départir des discours conventionnels sur la transition qui supposent deux choses : d'abord que des ressources de substitution permettraient de passer d'un mode de production énergétique à un autre, sans changer fondamentalement les agencements économiques et sociaux qui gouvernent le monde et que nous pourrions résumer par le couple capitalisme/consumérisme ; supposer ensuite qu'un changement social de cette ampleur serait pilotable par le haut, comme le furent les politiques des Trente glorieuses, à coup de lois sur la transition, de décrets et de mesures incitatives ou de dispositifs de stimulation l'offre technologique. Or ces conditions de possibilités n'ont fait l'objet d'aucune preuve de concept et agissent, dans les discours, comme des postulats.

C'est dans ce contexte d'énonciation d'une « promesse technologique » que l'hydrogène est apparu comme vecteur de stockage – sous forme d'un gaz, donc – de l'énergie électrique, dont le principal défaut est son caractère difficilement maitrisable. Extraire l'hydrogène de l'eau, puis le compresser dans des contenants pour enfin le déstocker dans une pile à combustible pour restituer l'énergie apporte, sur le papier du moins, une solution séduisante dans la mesure où l'on pourrait remplacer techniquement le pétrole, dont les principales qualités sont son pouvoir énergétique et sa facilité de stockage et de transport. Bref, nous aurions, partout où il est possible de produire de l'électricité, du pétrole sous les pieds… et même « vert » si la production électrique en question est elle-même décarbonée grâce au solaire ou à l'éolien. Ce chant des promesses s'est constitué en un discours extrêmement performatif, grâce notamment au concours du leader d'opinion américain Jeremy Rifkin, et a donné lieu, rien qu'en Europe, à un investissement public de plusieurs centaines de milliards d'euros (entre 200 et 500) pour la transition énergétique. Mais les réalités sociotechniques et écologiques ne sont pas si simples.

Face à ce double enjeu, celui d'abord d'éviter le « mur climatique » en diminuant le plus rapidement possible les émissions de gaz à effet de serre jusqu'à l'homéostasie, et d'autre part celui d'assurer socialement cette transition sociotechnique qui suppose une descente énergétique en maintenant la paix sociale et des conditions de vie décentes sur Terre, ce qui n'est déjà plus tenable en tout lieu, on comprendra que les sciences humaines et sociales ont fort à faire. Partant de l'équation désormais démontrée entre le dopage carbone et la croissance d'une part, et celui, fort inquiétant, de notre autre dépendance aux métaux critiques (et pas seulement) pour assurer ladite transition, il reste une série d'inconnues qui remettent en cause l'idée d'une simple substitution d'une technologie à une autre : les métaux critiques qui sont essentiels aux technologies électriques et informatiques de transition sont tous en tension ; le taux de retour énergétique diminue de manière exponentielle ; le cuivre manque déjà ; l'intensité matérielle des technologies du renouvelable est très élevée, etc. En bref, s'il l'on veut sortir du carbone, il faudra diminuer la dépense, rapidement (avant 2050) et de manière drastique, ce qui suppose une *descente énergétique*. Si le carbone, donc, engendre le PIB, on perçoit bien la dimension économique, sociale et politique d'une politique de sortie des énergies fossiles. La « transition » en question (ce mot doit lui-même être examiné) serait plutôt une sortie – mais vers quelle société ? – de la civilisation thermo-industrielle inventée au sortir de la Renaissance, autant dire une révolution.

Basé sur une approche pragmatique, c'est-à-dire non-essentialiste et au plus près des acteurs et des usages, le travail réalisé a donné lieu à de nombreuses interactions pluridisciplinaires et même intersectorielles puisque des technologues (Sebastien Chevalier de l'Université de

Bourgogne et Laurent James, de l'Institut des Sciences de l'Univers) ont été de l'aventure depuis le début, comme garants des questions scientifiques abordées et aussi comme ressources. L'ouvrage qui suit aborde au final deux grandes questions, correspondant aux deux parties qui le structurent. La première renvoie à la celle de savoir comment faire de la recherche-action en situation de *livinglab* autour des enjeux de transition. En d'autres termes, et s'il l'on s'accorde sur le fait qu'un tel changement social *pour* la société ne peut être réalisé aussi que *par* la société, comment mettre en démocratie le changement sociotechnique énergétique ? C'est au retour d'expériences réalisées en Normandie et en Bourgogne que s'attèlent Dany Lapostole (Université de Bourgogne), Félix Turmel (Université de Rouen) et Rudy Amand (Université de Caen), alors que Pauline Ducoulombier et François Millet (Le Dôme) reviendront sur leur expérience de recherche depuis leur position d'animateurs en tiers-lieu de médiation scientifique et technique. Cette partie se clôturera par la contribution d'un spécialiste international des sciences participatives, qui en fût précurseur à l'Université de Lausanne et créateur du Collaboratoire en la personne d'Alain Kaufman. Qu'il en soit chaleureusement remercié.

La seconde partie de l'ouvrage sera l'occasion de dégager des questions fondamentales et des enjeux plus théoriques de cette expérience pragmatique décrite précédemment, en questionnant justement les enjeux et limites de la transition bas-carbone. Ainsi de la question, largement débattue dans les arènes scientifiques en sciences humaines, de l'acceptabilité sociale, mot-clé pour un rôle de composition que l'on voudrait faire endosser aux humanités (Dominique Pécaud, Agnes Salinas et Frédérick Lemarchand). Alors que Michelle Dobré reviendra sur la dimension utopique du « rêve d'hydrogène », Louis Lasnon et François Jarrige s'interrogeront sur la faisabilité de la promesse d'une « Troisième révolution industrielle » en partant d'une généalogie des promesses énergétiques. Enfin, nous n'oublierons pas la question politique (Michalis Lianos, Université de Rouen) du leadership de l'innovation ni celle du « droit à la transition » questionnée par Laure Abramowitch, Université de Bourgogne).

Partie I
Recherche-Action sur l'hydrogène et la transition énergétique

Chapitre I
L' hydrogène, un médiateur de territorialisation de la transition ? Retour sur trois trajectoires territoriales

Dany Lapostolle - Maître de conférences/HDR-TheMA-Université de Bourgogne Franche-Comté

Ce texte porte sur la territorialisation de la transition énergétique via le vecteur hydrogène. Mon objet de recherche est de proposer une grille d'analyse des trajectoires de transition énergétique dans deux territoires bourguignons labellisés territoires hydrogène en 2016 à partir de trois notions : la structure d'opportunité territoriale de transition ; la capacité énergétique territoriale ; le droit à la transition. Je cherche à montrer comment le vecteur hydrogène, via des démonstrateurs territoriaux joue un rôle de médiateur dans cette territorialisation.

Les démonstrateurs hydrogène peuvent être appréhendés comme des médiateurs entre systèmes techniques incomplets ; entre échelles spatiales et institutionnelles dans différentes temporalités, entre logiques économiques et écologiques ; entre cadrages « *top-down* » et « *bottom-up* » des politiques publiques ; entre innovations technologiques et leur contestation.

1.1 La « structure de l'opportunité territoriale de transition » désigne la façon dont le contexte politique, sociotechnique, géographique crée ou empêche les opportunités d'action collective, de revendications, et de mise en œuvre de trajectoires de transitions différenciées au sein d'un territoire.

Elle est le fruit d'une combinaison de la théorie des structures d'opportunité politique et de l'approche multi-niveau des transitions, modèle de changement systémique standard focalisé sur la technologie et le marché comme moteur de transition.

Coupler ces deux approches permet de prendre en compte les jeux d'acteurs dans l'articulation des échelles spatiales et institutionnelles, le sens des lieux, l'engagement des publics, les imaginaires concurrents. L'espace y est considéré à la fois comme une donnée structurelle cadrant le jeu d'acteurs, mais aussi comme un enjeu de luttes, ces luttes pouvant transformer l'espace et les conditions de la territorialisation de la transition.

Dans notre cas, il s'agit de préciser à quoi sert le vecteur hydrogène dans ce déploiement spatial. Est-il un levier d'articulation multiscalaire ? Comment les agendas européens et nationaux influencent-ils ce déploiement à l'échelle locale ? Comment s'opère la gouvernance de la transition ? Quelle place est faite aux publics et à quelles échelles ?

La capacité énergétique territoriale émerge dans de multiples jeux de forces institutionnelles contradictoires, en particulier pour ce qui concerne les questions de centralisation et de décentralisation des politiques énergétiques et leur maintien dans la dépendance au sentier. Mais, l'analyse du jeu institutionnel n'épuise pas toutes les logiques d'action multiscalaire que l'on observe dans la territorialisation de la transition énergétique.

Elle est le fruit d'agencements localisés qui produisent des effets d'apprentissages, qui développent de nouveaux savoirs techniques et qui favorisent tantôt l'appropriation des innovations techniques tantôt leur rejet par les populations locales.

Ces agencements, ces coalitions d'acteurs plurielles qui fonctionnent tout de même comme des clubs, trouvent « les points de branchements » susceptibles de créer les environnements technico-économiques, institutionnels et socio-politiques favorables à la diffusion de leurs innovations. Territorialiser la transition revient alors à créer un environnement susceptible d'augmenter les pouvoir d'agir de ces collectifs. Une capacité énergétique territoriale émerge.

Une de ses composantes, c'est le capital social, c'est-à-dire la capacité de ces collectifs à lier et à assembler les différentes composantes de la société locale : le tissu économique, les milieux scientifiques, les autorités politiques et administratives, le mouvement associatif, les collectifs citoyens plus ou moins formalisés.

Ce capital social crée des proximités organisationnelles et institutionnelles qui sont elles-mêmes liées aux apprentissages collectifs issus de la mise en œuvre de différentes politiques territoriales. Leur dimension sociale est nécessaire, mais insuffisante. La dimension géographique doit aussi être prise en compte (topographie des lieux, présence de ressources physiques, climat, distance production/consommation d'énergie.)

Ces trois proximités débouchent sur la création d'une ingénierie de la transition aux formes organisationnelles et institutionnelles variées (régies, société d'économie mixte, société publiques locales, sociétés par actions, coopératives, communautés locales d'énergie). Cette ingénierie articule différentes échelles, différentes représentations et perceptions de la réalité, différents intérêts et logiques d'action qui définissent les trajectoires territoriales de transition. C'est dans ces conditions qu'émerge une capacité territoriale qui transforme la structure de l'opportunité territoriale de transition en projet énergétique territorial au sein duquel le droit à la transition peut tendre à s'exprimer.

Le "droit à la transition" se conquiert par l'action collective pour accéder au débat, à la technique et travailler la structure de l'opportunité territoriale de transition. Il convertit les droits positifs en moyens de réalisation de la transition comme ordre social désiré. C'est une expérience démocratique.

Cette proposition revient à considérer le droit « comme un espace générateur de mondes possibles, valorisés, offerts à la liberté des personnes », c'est-à-dire un système de « *droits buts* ». Un système de droits buts reconnaît la légitimité de certaines exigences morales considérées comme des objectifs sociaux à poursuivre au moyen d'autres formes de droits pour en évaluer la réalisation effective.

Pour réaliser ces droits buts, des procédures visant « à promouvoir la capacité des individus et des collectifs à devenir des acteurs du processus démocratique » sont bricolées, inventées pour générer des obligations politiques qui, à défaut d'être toujours juridiquement établies, pèsent cependant sur les autorités détentrices d'un pouvoir de décision.

Même si ces obligations sont imparfaites et nécessitent des délibérations élargies et de la protestation, elles sont tout de même des obligations auxquelles un pouvoir démocratiquement institué ne saurait se soustraire sans courir le risque de la défiance ainsi que de sortir du principe démocratique du libre consentement aux droits et aux obligations.

Le travail de recherche est réalisé par le biais de méthodes qualitatives compréhensives basée sur :

- Des entretiens choisis selon l'échantillonnage boule de neige, auprès d'acteurs institutionnels, politiques, services déconcentrés de l'État, services des collectivités territoriales, chercheurs, entrepreneurs qui promeuvent l'hydrogène et qui se faisant se heurtent à des verrous de différents types pour déployer la filière.
- De l'observation participante lors d'ateliers de la planification territoriale de la production d'énergie renouvelables (SCOT, PLUI, PCAET, ZAE) organisés par le syndicat d'énergie de Côte d'Or. Ces ateliers,

forums hybrides étaient composés d'associations environnementales, de maires, de présidents d'intercommunalités, de services techniques de plusieurs syndicats d'énergie, de conseils départementaux et régionaux, des architectes des CAUE.

- Une veille sur l'actualité de l'hydrogène, blog, notes professionnelles, dépêches, évolution du cadre légal.

L'opportunité territoriale de transition en région Bourgogne Franche-Comté est structurée par l'articulation de différentes échelles institutionnelles

La région Bourgogne-Franche-Comté est l'institution-chef de file en matière d'aménagement et de développement du territoire. Elle déploie, sous l'autorité de sa présidente, sa stratégie de structuration d'une filière industrielle hydrogène.

La région est membre de l'Association française pour l'hydrogène et les piles à combustible (AFHYPAC désormais France Hydrogène). Elle se raccorde ainsi à l'échelle nationale pour promouvoir ce vecteur énergétique et son déploiement. En coordination avec le Groupe de **Travail régional Hydrogène** (GTH2) club d'entreprises, de laboratoires de recherches et de collectivités territoriales dont plusieurs membres adhèrent à l'AFHYPAC, elle participe au pilotage des projets infra régionaux lauréats.

Ces projets infra régionaux s'inscrivent dans une stratégie européenne d'institutionnalisation d'un marché de l'hydrogène dont le *Fuel Cells and Hydrogen Joint Undertaking* est le fer de lance. Ce partenariat public-privé (Commission européenne, FMN, Recherche) pèse pour développer les technologies hydrogène sur le marché européen avec une montée en puissance des programmes-cadres de l'UE depuis 2002 et une récente accélération avec le plan de relance de l'UE et les différents plans d'investissement des états membres (16 milliards d'euros au Portugal, neuf en Allemagne et en Espagne, sept en France).

L'échelon européen est essentiel à la structuration des opportunités territoriales de transition. Si des initiatives territoriales fleurissent en matière de production d'énergies renouvelables en France, c'est parce que depuis 1996, le rôle toujours prégnant de l'opérateur historique EDF-GDF est égratigné par les directives européennes d'ouverture à la concurrence du marché européen. Ces directives transposées en droit français pendant deux décennies ont permis à divers producteurs d'électricité d'accéder au réseau de transport et de distribution d'électricité.

Autrement dit, sans déverrouillage de la logique monopolistique dans un temps relativement long, les projets énergétiques territoriaux actuels émergent difficilement.

1.2 En Bourgogne-Franche-Comté, l'opportunité territoriale de transition se structure autour de concurrence, de coopération institutionnelle et jeux de pouvoir.

Le déploiement des démonstrateurs hydrogène au-delà de la probation de leur faisabilité technico-économique, vise aussi à rééquilibrer territorialement la filière dans une région récemment fusionnée et dont les équilibres politiques demeurent délicats.

Historiquement, les ressources scientifiques, technologiques et entrepreneuriales liées à l'hydrogène se sont déployées en Franche-Comté. La Bourgogne était surtout concernée par la filière nucléaire.

Le rééquilibrage territorial de la filière se déroule sur fond de luttes institutionnelles entre la région fusionnée qui construit la légitimité de son chef de filât sur le pilotage de politiques de filière ; la métropole dijonnaise qui développe ses propres projets hydrogène et les huit syndicats départementaux d'énergie, opérateurs historiques ancrés territorialement qui ont failli disparaître avec la loi Nôtre de 2015.

Les syndicats d'énergie se sont fédérés pour peser davantage dans les négociations avec les concessionnaires et les institutions. Se rendant incontournables dans la territorialisation de la transition, ils ont créé des groupements d'achat d'électricité et de gaz naturel, ont renouvelé leurs compétences dans les réseaux de gaz, d'électricité par le hertzien, dans la couverture numérique des territoires ruraux, dans l'éclairage public.

Avec leurs commissions locales d'énergie qui font remonter les problèmes des communes, ils apportent à la Région une proximité institutionnelle avec cet échelon local malmené dans les réformes territoriales successives. Ils sont en contact avec les maires, prescripteurs politiques de la transition énergétique, qu'ils informent d'expériences locales pour les persuader du bien-fondé de telle ou telle solution technique. Par exemple, l'inscription de la production hydrogène dans les PCAET comme c'est le cas avec le projet Hycaunais. Surtout les syndicats d'énergie sont riches.

1.3 Structurer la conjonction d'opportunités

Le projet EOLBUS à Auxerre illustre le rôle du GTH2 dans la structuration d'une conjonction d'opportunités sur une très courte période de 15 mois.

Une partie de la population conteste fortement les parcs éoliens qui poussent comme des champignons dans le département de l'Yonne. Parc spatialement concentré le long de l'A6 pour respecter les couloirs de vols militaires de basse altitude. Soumis à cette contestation, les élus auxerrois cherchent d'autres débouchés à l'énergie éolienne pour la désamorcer.

Dans le même temps, les bus d'Auxerre arrivent en fin de délégation de service public. La mairie impose cinq bus hydrogène dans sa DSP parce que GTH2 l'informe d'un appel à projet européen qui finance 150 bus hydrogène pour les villes européennes.

Auxerre candidate, mobilise le cluster éolien bourguignon *Wind for future* et cofinance une station de production d'hydrogène par électrolyse avec l'énergie éolienne.

Une startup d'ingénierie, Justy, est créée par le Directeur Général de *Wind for future* pour être maître d'ouvrage, car l'agglomération n'a pas les compétences pour suivre le projet. Quelques difficultés financières, liées à une erreur de prototypage de la station, freinent le développement d'Eolbus. Justy et l'agglomération d'Auxerre répondent à un nouvel appel à projet de l'ADEME. Ils en sortent lauréats et le montage financier est sécurisé. Les sept milliards dégagés par le plan national hydrogène assoient le démonstrateur. Le caractère prototypique de ce projet labellisé territoire hydrogène est mis en avant. Il s'agit d'un démonstrateur territorial qui pourrait être répliqué dans d'autres territoires, en région et au-delà. Il faut faire savoir ce savoir-faire en France et à l'étranger, notamment dans des salons technologiques internationaux. Ceci contribue aussi à structurer l'opportunité territoriale de transition.

La capacité énergétique territoriale suppose un équipement qui constitue l'ingénierie de la transition. Cluster, start-up, AER, associations, SCOP, SEM, constituent un réseau d'acteurs aux intérêts tantôt convergents tantôt divergents relativement aux contextes et enjeux territoriaux. Les nœuds du réseau sont multiples, mais il semble que l'AER, membre du GTH2 à l'articulation des échelles locales nationales et européennes cumule suffisamment de ressources technoscientifiques, entrepreneuriales et relationnelles pour territorialiser les projets. Mais elle fonctionne comme un club fermé qui conçoit d'abord une trajectoire technico-économique de transition énergétique. La dimension sociotechnique de la transition n'est appréhendée qu'en termes d'acceptabilité sociale. Il n'y a pas de volonté exprimée de constituer des publics au sens de Dewey. On est plutôt chez Lippman. Sans le public, on reste dans une logique de club, on n'est pas dans la capacitation territoriale. Toutefois le public réapparait dans la contestation du paysage énergétique hydrogène. Cette contestation manifeste l'émergence d'un droit à la transition.

L'émergence du droit à la transition vue depuis le paysage énergétique.

Avec Eolbus, le paysage énergétique « éoliennes, station hydrogène » est une matérialité faite de production, de distribution et de consommation locales d'énergie. Ces activités sont liées à la topographie des lieux, la présence de ressources physiques – vent, eau et barrage hydroélectriques du Morvan.

Ce paysage est objet d'appropriation ou de rejet. Il devient une arène clé dans le débat sur la transition bas carbone qui redéfinit les formes, fonctions et valeurs des paysages familiers. Topophilie et syndrome NIMBY s'y rejoignent et s'éloignent. Ces affects, relations esthétiques aux paysages mâtinés d'intérêts, d'engagements civiques, pointe l'expression « d'un droit à la transition ». Le paysage permet d'entrer dans ce monde peu convivial qu'est l'hydrogène. Sa technicité est avancée par ses promoteurs pour écarter les profanes du débat. La confiscation de la technique ferme les opportunités de débattre, de proposer des trajectoires alternatives, y compris dans le financement des SEM, comme dans le projet Hycaunais qui écartent pour le moment les financements participatifs.

Pourtant, des regroupements citoyens lorgnent vers l'hydrogène malgré sa technicité. Ils se nomment eux-mêmes initiatives « d'énergie citoyenne ». Ces initiatives se multiplient sur le territoire national et se fixent pour objectif : « que les revenus issus de l'exploitation des énergies renouvelables restent sur les territoires, au profit des citoyens. »

En région Bourgogne Franche-Comté, la coopérative Juracic propose un modèle territorialisé et participatif. Elle recourt au droit positif des sociétés coopératives d'intérêt collectif pour structurer l'opportunité et la trajectoire territoriale de transition. La réalisation de ce droit à la transition passe par l'épargne participative, les clubs d'investissements, la participation à des SEM et un niveau conséquent d'expertise technique distribuée. Les trajectoires de transition construites sur la base d'un projet énergétique territorial fondé sur l'hydrogène restent soumises aux finalités de la croissance verte. Dans ce cadrage technico économique, le vecteur hydrogène joue pleinement son rôle de médiateur. Ce rôle repose sur le fait que les systèmes énergétiques déterminent les formes d'organisation sociale et politique ; et la croyance selon laquelle l'innovation technologique peut résoudre les problèmes sociaux, économiques, écologiques et politiques.

La gouvernance de la transition qui prend forme dans les territoires est difficile à caractériser. Elle associe institutions centrales et locales, des laboratoires de recherche, des grands groupes industriels publics et privés, des start-up, pour faire émerger des démonstrateurs territoriaux qui conjuguent logiques centralisatrices et décentralisatrices, lutte des « petits territoires » contre les « grands groupes capitalistes », confond acceptation sociale des nouvelles technologies et participation des publics tout en favorisant le retour sur le devant de la scène d'anciens instruments d'action publique qui pourraient leur donner voix au chapitre. Le projet hycaunais est emblématique de ces ambivalences.

Mais la façon dont sont conçus les démonstrateurs hydrogène ne laisse pour le moment rien paraître de ce qui pourrait constituer une bifurcation dans la dépendance au sentier. Il s'agit pour les acteurs dominants de l'énergie de travailler à leur acceptabilité sociale. Rien n'apparait de nouveau dans l'utilisation de l'avenir, la création d'une capacité à aspirer, d'un imaginaire susceptible de redéfinir nos modes de vie dans un monde encore vivable.

Chapitre II
Une bouffée d'hydrogène ?

Sébastien Chevalier - Professeur des universités,
Univ. Bourgogne Franche-Comté,
laboratoire Interdisciplinaire Carnot de Bourgogne

1. Introduction

Transition écologique et mix énergétique veulent à peu près dire la même chose. Pour permettre une réelle et nécessaire transition énergétique, il faut repenser le modèle de production d'énergie à l'échelle mondiale et nationale en mixant différentes manières de produire l'énergie nécessaire à nos sociétés. Pour cela, il faut des décisions politiques fortes, une constance dans leur application et une acceptation de la société. Prenant conscience d'une situation nécessitant une transition notable et rapide, les citoyens sont de plus en plus demandeurs et souhaitent être proactifs dans les débats publics. Être convaincu n'est pas suffisant, il faut une analyse rationnelle de la démographie, des besoins énergétiques actuels et futurs pour les populations et les industries et une information fiables sur les moyens de produire de l'énergie. Le mix énergétique ne sera pas le même selon le pays considéré, son histoire, sa culture. La France a une culture marquée de la production d'électricité par les centrales nucléaires après une ère du charbon liée à des ressources naturelles nationales ; dans les deux cas, cela a permis une indépendance énergétique de la France. Vient le temps du changement de paradigme : comment mener la transition des énergies fossiles et nucléaires vers un mix énergétique ? Dans ce mix énergétique, l'hydrogène doit jouer un rôle majeur, car c'est le vecteur énergétique d'avenir. Son utilisation dans les piles à combustible permet un rendement très supérieur à toute autre forme de « combustible » : un kilogramme d'hydrogène délivre trois fois plus d'énergie que l'équivalent en essence.

Il reste des verrous scientifiques liés à la production d'hydrogène, mais également à son utilisation comme « carburant » d'une pile à combustible générant de l'électricité. Il faut également une véritable ambition nationale avec une volonté politique sans faille capable de porter la mise en place d'une filière hydrogène, comme c'est le cas au Japon[1]. La France s'est-elle emparée d'une véritable évolution vers une société de l'hydrogène ? Finalement, c'est peut être des territoires que viendront les vrais changements avec des projets concrets et adaptés aux besoins locaux en termes de transport et d'industrie locale, car en phase avec un écosystème connu et compris par les acteurs locaux, qu'ils soient politiques ou acteurs de l'innovation.

1. De la production à la consommation d'hydrogène : une technologie simple et complexe à la fois…

L'hydrogène est présent partout sur la planète, le plus souvent sous la forme d'eau, H_2O, d'où il peut être extrait de manière à obtenir la molécule de dihydrogène, H_2, appelée communément hydrogène.

Dans le contexte économique mondial actuel, l'hydrogène est considéré comme la source énergétique du futur[2]. Il est produit principalement par reformage du méthane assisté par la vapeur (vaporeformage), avec l'inconvénient de consommer des ressources fossiles, dont le coût augmente de façon

[1] The 4th strategic energy plan of Japan, April 2014.
[2] T. Leclercq, *L'hydrogène, le nouveau Pétrole*, Le Cherche Midi, 2019.

importante, et d'émettre du CO_2[3,4]. Environ 50 millions de tonnes d'hydrogène sont produites annuellement dans le monde. Le problème est que l'essentiel de cet hydrogène, 96 %, est de l'hydrogène gris, c'est-à-dire produit à partir de vaporeformage.

De façon beaucoup plus discrète, l'électrolyse alcaline de l'eau est également utilisée, qui consiste à « casser » la molécule H_2O afin d'en libérer l'hydrogène ; pour cela, il faut dissocier l'eau en dioxygène et en dihydrogène sous l'action d'un courant électrique. On parle alors d'hydrogène vert, propre, mais très coûteux, car consommateur d'électricité pour sa production, de l'ordre de 4 €/kg. Il faudrait descendre à 1,5 €/kg pour qu'il soit rentable pour la filière hydrogène.

Une autre technologie est en cours de développement avec de nombreuses études et travaux de recherche (ICARE par exemple) : l'électrolyse de l'eau à haute température. Le principe est le même et consiste via un procédé électrochimique entre 600 et 800 °C à produite de l'hydrogène vert à partir d'eau et d'oxygène. Ce procédé innovant et plein d'avenir nécessite toutefois de l'électricité et une source importante de chaleur.

Du point de vue du coût, l'intérêt de l'électrolyse à haute température par rapport à l'électrolyse alcaline à basse température est une amélioration du rendement de conversion électrique chimique. Les premières évaluations technico-économiques annoncent un prix du kilogramme d'hydrogène produit par électrolyse à haute température en dessous de 2 €, ce qui la rend donc potentiellement compétitive par rapport à l'électrolyse traditionnelle. Pour que cette compétitivité soit avérée, l'investissement énergétique doit être le plus faible possible et la durée de vie du procédé importante :

---

[3] M. Ni, M.K.H. Leung, D.Y.C. Leung, International Journal of Hydrogen Energy 33 (2008).

[4] V. Utgikar, T. Thiesen, International Journal of Hydrogen Energy 31 (2006).

l'électrolyseur construit devra donc être performant, nécessiter peu d'énergie pour sa mise en œuvre et durer longtemps.

Outre sa production, l'autre difficulté de l'hydrogène est son stockage ; l'hydrogène est difficile à stocker pour deux raisons : c'est le gaz qui occupe le plus de volume et il fragilise les aciers qui constituent les réservoirs permettant de les stocker, et ce à cause de sa taille lui permettant de diffuser dans le réseau cristallin métallique. Il est ainsi comprimer entre 300 et 700 bars afin d'être stocké dans les meilleures conditions.

La conversion de l'hydrogène en électricité s'effectue grâce à une technologie bien connue (inventée en 1839[5]) : la pile à combustible (PAC). Il existe plusieurs systèmes de PAC, les plus connus étant les piles dites « basses températures », les PEMFC (*Proton Exchange Membrane Fuel Cell*) et les piles dites « hautes températures », SOFC (*Solid Oxide Fuel Cell*). Dans les deux systèmes, il y a production d'électricité à partir d'hydrogène d'un côté de la pile (la cathode) et d'oxygène issu de l'air de l'autre côté de la pile (l'anode) en faisant passer un courant électrique. La technologie est désormais bien aboutie et permet d'envisager la production régulière d'hydrogène pour les transports, les bâtiments, les outils numériques et de téléphonie. L'hydrogène représente aujourd'hui une option sérieuse et convaincante de la transition écologique. Un avantage considérable des piles SOFC (qui fonctionnent à haute température entre 600 et 800 °C) est leur caractère exothermique ; cela signifie qu'elles produisent de la chaleur de manière naturelle une fois la réaction électrochimique initiée. On comprend immédiatement le double avantage de cette technologie : produire de l'électricité pour alimenter un bâtiment ou une maison et le chauffer en même temps. L'avenir s'ouvre donc à l'hydrogène avec des projets ambitieux de réseaux de distribution routiers, mais également des projets concrets dans l'aéronautique, avec un gain environnemental considérable.

---

[5] W. R. Grove, *Philosophical Magazine and Journal of Science*, 15 (1839).

2. Une dynamique nationale longue à démarrer…

Cela fait plusieurs années que l'État français proposent des stratégies et des plans d'action visant à conduire la société française vers une réelle transition écologique. En 2014, Ségolène Royal, alors ministre de la transition écologique, annonçait un nouveau modèle énergétique français en terme de transition écologique[6]. Force est de constater que l'hydrogène était le grand absent de ce « nouveau modèle » alors que d'autres pays, comme le Japon, construisait à la même date la société japonaise de l'hydrogène. Cela peut probablement expliquer le décalage de la France et le retard pris pour mettre en place une véritable filière de l'hydrogène, depuis sa production jusqu'à sa distribution et son utilisation massive.

Il faut attendre 2018 et le Plan de déploiement de l'hydrogène pour la transition énergétique[7] annoncé le 1er juin par Nicolas Hulot, ministre de la Transition écologique et solidaire. Ce plan ambitionnait d'accompagner l'innovation et les premiers déploiements industriels de l'hydrogène décarboné, pour être prêt à en faire un pilier de la transition énergétique à moyen terme. Il fixait ainsi des objectifs de développement de l'hydrogène dans la transition énergétique.

En septembre 2020, le gouvernement français par l'intermédiaire de la ministre de la Transition écologique, Barbara Pompili, et du ministre de l'Économie, des Finances et de la Relance, Bruno Le Maire, a lancé un grand plan pour l'hydrogène. Le plan prévoit une enveloppe de sept milliards d'euros d'ici à 2030, dont 2,4 milliards entre 2020 et 2023 via le Plan National de Relance et de Résilience, afin de construire une filière française de l'hydrogène décarboné de portée internationale. Le plan propose de développer les capacités de production de la France, favoriser le développement d'une

---

[6] S. Royal, *La transition énergétique : un nouveau modèle énergétique Français*, 18 Juin 2014.

[7] https://www.ecologie.gouv.fr/sites/default/files/Plan_deploiement_hydrogene.pdf

mobilité lourde à hydrogène (camions, bennes à ordure, bus…) et soutenir la recherche et l'innovation dans ce domaine. L'objectif affiché est de générer entre 50 000 et 150 000 emplois directs et indirects.

Le chantier est doté de 7,2 milliards d'euros, intégrés dans le plan de relance de 100 milliards (dont 30 milliards pour la transition écologique), présenté ce 3 septembre. Il se décompose en trois grands objectifs, dont le premier consiste à augmenter les capacités de production d'hydrogène décarboné, pour atteindre 6,5 GW par électrolyse d'ici à 2030, développer les mobilités, et construire une filière industrielle créatrice d'emplois.

Au sein de ce plan, la décarbonation de l'industrie, absorbera 54 % des 3,4 milliards d'euros alloués sur la période 2020-2023. Des outils seront mis en place pour développer des projets de grande capacité et passer à l'échelle industrielle permettant d'atteindre la rentabilité.

Exemple : la construction d'un projet important d'intérêt européen commun sur l'hydrogène, à l'image du projet européen sur les batteries. La France va recevoir une dotation financière exceptionnelle de 1,5 milliard d'euros pour cette action mise en œuvre dès 2021. Il s'agira aussi de fiabiliser la production par électrolyse, d'adapter et développer les procédés industriels et de soutenir ces solutions tant que le prix de l'hydrogène n'est pas compétitif par rapport aux solutions carbonées. À l'heure actuelle, le prix de l'hydrogène produit par électrolyse s'élève autour de quatre à neuf euros le kilo, contre un à deux euros pour l'hydrogène classique.

En 2021, le PIA 4 à travers son volet dirigé a validé une stratégie nationale (stratégie d'accélération) sur le thème de l'hydrogène décarboné. L'hydrogène décarboné est un vecteur énergétique indispensable à la neutralité climatique. Il permet de verdir des secteurs entiers de l'économie, en particulier ceux pour lesquels l'électrification est impossible, dans l'industrie ou la mobilité. Il participe également à la montée en puissance des énergies renouvelables. Avec la stratégie ambitieuse annoncée par le Gouvernement, la France se donne les moyens, en s'appuyant sur ses laboratoires de recherche et ses industriels à la pointe de l'innovation, de créer une filière compétitive d'hydrogène renouvelable et bas carbone, et de devenir un des leaders mondiaux de l'hydrogène décarboné par électrolyse. Après l'annonce de la stratégie en septembre, deux appels à projets ont été ouverts : « Ecosystèmes territoriaux d'hydrogène » et « Briques technologiques et systèmes H2 ». La stratégie ne définit pas pleinement le volet formation, pourtant nécessaire au déploiement de la filière et à son accélération.

Partant de ce constat, le Secrétariat Général Pour l'Investissement et le Ministère de l'Enseignement Supérieur, de la Recherche et de l'Innovation vont décliner un Appel à Manifestation d'Intérêt qui aura deux objectifs :

– établir un diagnostic des besoins en compétences et métiers d'une stratégie, lorsque cela n'a pas été fait au moment de la rédaction puis de la validation d'une stratégie,

– permettre la mise en œuvre adaptée à la stratégie des formations nécessaires, du niveau bac professionnel au niveau du doctorat, si cela est nécessaire. Un volet lié à la formation professionnelle sera également inclus permettant la montée en compétences de salariés d'entreprises dans la stratégie visée.

Ces efforts représentent des efforts importants comparés aux engagements pris jusqu'à présent. Seront-ils suffisants afin de faire de l'hydrogène le vecteur énergétique de la transition écologique en France ?

Alors que l'Agence Internationale de l'Énergie (AIE) publiait le mardi 18 mai sa feuille de route « Zéro carbone net d'ici 2050 »[8] en faisant une large place à l'hydrogène, le rapport

---

[8]https://www.iea.org/articles/net-zero-by-2050-hinges-on-a-global-push-to-increase-energy-efficiency

présenté mardi 8 juin 2021 par le réseau RTE[9] suite à une grande consultation publique parle peu de l'hydrogène…

3. Et si la solution venait des territoires ? Une illustration en Bourgogne Franche-Comté

En 2016, l'état avait initié un appel à projet pour des « Territoires d'hydrogène » dont l'objectif était de labelliser des projets de démonstration d'envergure mettant en œuvre le vecteur énergétique Hydrogène dans les territoires. 29 projets ont été retenus afin de démontrer, à l'échelle d'un territoire, la faisabilité technico-économique et l'intérêt environnemental du vecteur hydrogène, associés aux réseaux énergétiques et à des usages énergétiques locaux.

L'obtention du label « Territoire hydrogène » par la région Bourgogne Franche-Comté le 21 octobre 2016 offre un terrain de comparaison dans l'analyse de ces stratégies de développement. On désigne par « écosystème de mobilité hydrogène », une zone, un territoire ou un espace géographique donné, sur lequel s'organisent simultanément une logistique de production et de distribution d'hydrogène, ainsi que des usages locaux de véhicules de transport de personnes ou de marchandises ; ils révèlent les rééquilibrages possibles du mix énergétique sur le territoire : décentralisation de la production, stockage, modification du paysage énergétique, etc.

La région Bourgogne-Franche-Comté est particulièrement active en matière d'hydrogène, avec un écosystème unique. Le conseil régional de Bourgogne-Franche-Comté a fait du déploiement de la filière hydrogène l'une de ses orientations stratégiques. Ce déploiement s'appuie sur un socle universitaire (UTBM, FCLab, ICB,…), un tissu industriel dynamique, constitué de start-up et de grands groupes, ainsi que de plusieurs pôles de compétitivité et clusters (pôle Véhicules du futur, Apristhy…). Preuve de cet

---

[9]https://www.rte-france.com/analyses-tendances-et-prospectives/bilan-previsionnel-2050-futurs-energetiques

investissement, de nombreux projets sont en cours autour de trois territoires engagés : l'Auxerrois/Saint Florentin, Dole et Belfort/Montbéliard.

Des trains à hydrogène !

Le plan d'accélération de l'investissement régional a également acté l'achat auprès d'ALSTOM de trois rames TER hybrides (hydrogène/électrique) pour un montant de 51,9 millions d'euros. Elles devraient circuler à partir de 2025 sur les lignes Avallon/Auxerre et Corbigny/Clamecy/Auxerre, mais aussi entre Auxerre et Dijon. Ce projet s'inscrit dans une mutualisation de moyens avec l'agglomération d'Auxerre qui va installer un centre de production d'hydrogène. Destinée à l'alimentation des bus urbains, cette station pourra également délivrer de l'hydrogène aux nouveaux TER. Dès 2023, une rame prototype sera livrée à l'échelle nationale ; elle sera testée dans quatre régions, dont la Bourgogne-Franche-Comté.

Aux'R H2, un projet pilote en France couplant éolien et transport

Création d'une station de production (par électrolyse de l'eau), de stockage et distribution d'Hydrogène alimentée par des ENR et particulièrement les éoliennes qui entourent la ville. Labellisé au niveau européen, le projet fera circuler cinq bus et des véhicules légers en 2021. L'objectif étant de basculer l'ensemble de la flotte de bus en 2025.

Dijon Smart Energhy, de l'hydrogène à partir de déchets ménagers

Porté par Dijon Métropole, ce projet a pour ambition d'alimenter en 2021 une flotte de huit camions-poubelle avec de l'hydrogène renouvelable produit localement, à partir d'électricité issue de l'Unité de Valorisation énergétique des déchets ménagers. Deux poids lourds et 14 utilitaires seront aussi déployés par les partenaires du projet. Pour développer la filière, une société simplifiée par actions (SAS) a été mise en place. Elle a pour nom Dijon Smart Energhy. Dotée d'un capital de 100 000 euros, elle est financée à hauteur de 30 % par la métropole et à 70 % par l'entreprise Rougeot Energies. 4,5 millions d'euros vont être investis dans une nouvelle usine de production et de stockage de l'hydrogène, et 2,24 millions d'euros seront nécessaires pour acquérir des bennes à ordures ménagères fonctionnant à l'hydrogène.

HyCAUNAIS, le 1er projet couplant méthanisation et méthanation

Ce projet de valorisation du CO_2 fatal présent sur le site d'enfouissement de Saint-Florentin (Yonne) utilise le procédé de la méthanation. L'Hydrogène nécessaire à ce procédé étant lui-même issu de la production éolienne.

Prima H4, une future locomotive à hydrogène

Porté par Alstom, et labellisé par le Pôle Véhicule du Futur, ce projet a été retenu dans le cadre de l'appel à projets Ademe « Ferroviaire du futur ». Il a pour objectif de développer une nouvelle gamme de locomotives hybrides, autonomes et connectées pour répondre aux nouveaux besoins des locomotives de manœuvre de travaux et de fret ferroviaire. Une version à hydrogène est prévue.

TTI (Transformation d'un Territoire Industriel) à Belfort-Montbéliard

Retenu comme TIGA (Territoire Industriel de Grande Ambition), ce territoire a pour ambition de développer un écosystème d'innovation autour des technologies vertes, notamment autour de l'hydrogène. Les projets concernent une plateforme sur le stockage (ISTHY), un centre mondial de recherche sur les réservoirs à hydrogène (Faurecia à Bavans), la locomotive à hydrogène d'Alstom, une station de production et de distribution d'hydrogène décarboné pour les bus du syndicat de transport de Belfort (SMTC) et l'utilisation d'hydrogène pour le chauffage de bâtiments.

VHycTor, station de distribution d'Hydrogène produit en cycle court

Projet de construction d'une station de distribution d'Hydrogène alimentée par une source de gaz industriel coproduit chez Inovyn, transporté à haute pression.

Cette liste des projets en cours de développement n'est pas exhaustive, mais démontre l'engouement des collectivités pour l'hydrogène, du conseil régional à la métropole en passant par des initiatives départementales.

La région Bourgogne Franche-Comté n'est pas la seule à innover et croire en l'hydrogène. La plupart des régions ont décidé politiquement et stratégiquement que l'hydrogène devait désormais jouer un rôle majeur dans la transition écologique et le mix énergétique.

Auvergne-Rhône-Alpes : décarboner la mobilité

Avec son plan « Zero emission valley » doté de 50 millions d'euros, la région Auvergne-Rhône-Alpes veut déployer 20 stations hydrogène (dont 14 dotées d'électrolyseurs) et une flotte de 1 200 véhicules. Un partenariat public/privé est à construire autour de majors et de start-up du territoire. L'objectif est de proposer au marché des véhicules à hydrogène au même prix que leurs équivalents Diesel. La production d'hydrogène se fera à partir d'électrolyse et d'énergies vertes. Objectifs : remplacer la consommation de 4,3 millions de litres de diesel et éviter l'émission 13 000 tonnes de carbone. On note également une production industrielle de 150 000 m^3/an à Grenoble sur le site du CEA, lié à une station véhicule. Installée dans le cadre du projet Hyway par le pôle de compétitivité Tenerrdis, qui réunit les acteurs publics et privés locaux, cette infrastructure représente 3,2 millions d'investissements.

Bretagne : entre terre et mer

Le conseil régional de Bretagne se mobilise pour favoriser l'ensemble des solutions nécessaires à l'accélération de la transition énergétique. Parmi elles, l'hydrogène devient de plus en plus incontournable sur de nombreuses thématiques comme les services aux réseaux énergétiques, notamment insulaires, la mobilité terrestre et maritime, le tourisme ou encore le développement économique. La région peut s'appuyer sur des territoires moteurs : Vannes, Redon, Saint-Malo (navire Energy Observer), La Roche-aux-Fées, dont l'intérêt est grandissant pour l'hydrogène. Parmi les réalisations en cours, notons la production d'hydrogène et une station d'avitaillement sur le site Michelin de Vannes (Morbihan), après une première station sur le site de Morbihan Énergie. À noter également, Energy Observer, le premier navire à hydrogène visant l'autonomie énergétique, dont le port d'attache est Saint-Malo. Ce navire, qui a la particularité de produire l'hydrogène à bord grâce à l'électrolyse de l'eau de mer, sans émission de gaz à effet de serre ni de particules fines, parcourt les mers pour éprouver les innovations technologiques. Cet ancien bateau de course de légende a été reconditionné en navire du futur à propulsion électrique fonctionnant grâce à un mix d'énergies renouvelables et un système de production d'hydrogène décarboné à partir de l'eau de mer.

Parmi les projets et réalisations, soulignons, pour le développement, une plateforme de test de piles à combustible, un laboratoire axé sur l'hydrogène, un institut de stockage de l'hydrogène (six millions d'euros, après 2020, à Dole). En production, l'usine de production et de distribution d'hydrogène de Dijon (Côte-d'Or) est située à proximité de la centrale d'incinération des déchets. Pour ce qui est des usages et de la mobilité, notons aussi l'acquisition de bennes à ordures ménagères, de poids lourds, ainsi que cinq bus et dix véhicules utilitaires pour la communauté de l'Auxerrois (Yonne). Sans oublier Faurecia qui crée à Bavans son centre d'expertise mondial sur les réservoirs à hydrogène. Avec ce centre « Clean Mobility », l'équipementier automobile, associé à Michelin, a pour ambition de prendre le leadership des technologies zéro émission de carbone.

Centre-Val de Loire : objectif 100 % EnR

La région Centre-Val de Loire est pleinement inscrite dans la transition énergétique. Elle développe depuis plusieurs années une vision 100 % énergies renouvelables à l'horizon 2050. Pour atteindre ces objectifs, le conseil régional compte sur les solutions hydrogène, avec le déploiement de projets et stations. La région dispose de nombreux atouts avec une filière industrielle bien implantée localement et d'importantes capacités d'innovation et de recherche. Citons par exemple le démonstrateur Methycentre de power-to-gas couplé à une unité de méthanisation (stockage de surplus d'EnR dans le réseau gaz via l'hydrogène), et un déploiement progressif en mobilité avec deux stations, des véhicules utilitaires et… des vélos.

Corse : production et stockage

La Corse accueille la plateforme de recherche Myrte (université de Corse-CNRS) de stockage d'hydrogène, couplée à une centrale photovoltaïque dotée d'une pile à combustible pour la réinjection de l'électricité dans le réseau. Cette plateforme, gérée par l'université de Corse et labellisée par Capenergies, est composée de systèmes d'électrolyseurs, de stockage d'hydrogène pour une capacité de 1,75 MWh et de piles à combustible de 200 kW. Elle est couplée à une centrale photovoltaïque de 560 kW. Ce dispositif permet de tester des solutions d'intégration d'énergie solaire intermittente dans le réseau par la production d'hydrogène, son stockage lors de périodes d'excédent de production, puis la restitution d'énergie électrique lors de périodes d'absence de rayonnement solaire. Le projet en cours associe également le CEA et Areva.

Grand Est : la dynamique hydrogène

La région a pour objectif de faire du Grand Est un territoire exemplaire en matière de transition énergétique, et plus particulièrement en matière de déploiement de la production et de l'usage de l'hydrogène. C'est pourquoi elle a lancé en janvier 2019 le projet DINAMHYSE piloté par le pôle Véhicule du futur et qui s'appuie sur de nombreux acteurs (Engie, CMI, Haffner Energy, etc.). Depuis, les réalisations se multiplient avec une station autonome à Chaumont (Haute-Marne), pour alimenter minibus, bennes à ordures et utilitaires. Un renforcement de la flotte de véhicules à hydrogène a pour objectif de favoriser la constitution de dix flottes captives de collectivités ou d'entreprises et de créer ainsi dix nouvelles stations hydrogène (production par électrolyse et distribution) sur le territoire. Cette opération permettra de positionner le Grand Est en région « pilote » sur ce type d'énergie. L'aide régionale proposée s'élève à 25 % du coût global HT du projet, avec un plafond de 40 000 euros.

La région profite également du renouvellement du matériel ferroviaire en participant au projet national d'expérimentation de train fonctionnant à l'hydrogène, à travers l'acquisition de cinq rames. Cette première expérimentation s'inscrit dans les objectifs de la loi relative à la transition énergétique pour la croissance verte, visant à réduire de 30 % la consommation d'énergies fossiles et de 40 % les émissions de gaz à effet de serre à l'horizon 2030.

Hauts-de-France : hydrogène vert

La transition énergétique et écologique engagée par la région des Hauts-de-France se matérialise, depuis 2013, par le programme de Troisième Révolution industrielle. L'hydrogène y occupe une place centrale et a été identifié comme l'un des dix grands projets structurants, notamment pour faciliter l'intégration des EnR. Les projets sont divers. Citons ainsi : une usine d'hydrogène vert à Dunkerque (Nord), un démonstrateur power-to-gas GRhyd d'injection d'hydrogène dans le réseau GRDF et l'arrivée d'une ligne de bus à hydrogène, avec six bus en circulation près de Lens (Pas-de-Calais), attachée à un site de production à Houdain (Pas-de-Calais).

Île-de-France : de l'air propre

Pour l'Île-de-France, la qualité de l'air est une priorité, avec une politique d'aide à l'acquisition de véhicules propres. L'hydrogène, vecteur polyvalent, s'inscrit pleinement dans cette stratégie avec le déploiement de stations. Des aides élargies aux flottes professionnelles et aux taxis, lesquels ne passent pas inaperçus avec la flotte de Hype, soit 600 taxis prévus d'ici à la fin 2020. En septembre, les nouveaux bus à hydrogène sont également entrés en action... Pour ce qui est de l'avitaillement, on compte plus d'une trentaine de stations de distribution, dont 16 en autoproduction pour un parc de véhicules utilitaires et de fourgons. Enfin, la production d'hydrogène est en cours sur le site de l'unité de valorisation énergétique de Créteil (Val-de-Marne) par le syndicat d'énergie d'Île-de-France Sipperec.

Normandie : pionnier et engagé

La région Normandie a été pionnière en matière d'hydrogène. Après un partenariat avec les sociétés SymbioFCell et Serfim, elle s'est engagée dans un programme de mobilité hydrogène normand, le programme Eas-HyMob (Easy Access to Hydrogen Mobility) qui a commencé début 2016 et s'est étalé jusqu'en 2018. La région reste très active avec son plan « Normandie hydrogène » sur lequel reposent les différentes actions pour la transition énergétique, avec un budget de 15 millions d'euros en cinq ans. Il a été élaboré en collaboration avec plus de 90 acteurs du territoire engagés dans le domaine des énergies renouvelables et de la préservation de l'environnement. Ce plan est l'une des pierres angulaires de la politique régionale en faveur de la transition énergétique, dont les objectifs principaux sont de contribuer au développement du mix énergétique, de réduire le bilan carbone régional et les émissions de gaz à effet de serre. Parmi les réalisations et projets, on note une usine de production à Port-Jérôme (Seine-Maritime) de 200 MW et 28 000 t/an, un projet de bateau de pêche à Cherbourg (Manche) pour les chantiers Allais, l'utilisation de vélos à Cherbourg et Saint-Lô (Manche), le déploiement d'au moins 15 stations et de 250 véhicules.

Nouvelle-Aquitaine : le défi énergétique

Le conseil régional de Nouvelle-Aquitaine agit pour protéger et valoriser les richesses des territoires et ainsi relever les défis énergétiques actuels dans la plus vaste région de France. La région Nouvelle-Aquitaine s'intéresse de plus en plus à la filière hydrogène, afin de relever les défis énergétiques de demain. Elle intègre notamment les activités de son nouveau cluster « Énergies et stockage ». De nombreux projets maillent également la région : bus à hydrogène à Pau ; navette maritime dans le port de La Rochelle depuis 2017 ; production à partir de solaire photovoltaïque pour l'écoquartier Atlantech, toujours à La Rochelle, pour alimenter une vingtaine de véhicules utilitaires, ainsi que des triporteurs ; production de vélos à Biarritz (Pyrénées-Atlantiques) ; projet de production de PAC géantes, pour n'en citer que quelques-uns.

Occitanie : objectif 100 % renouvelable

Le conseil régional d'Occitanie a pour ambition de faire de sa région la première d'Europe à énergie positive, avec le souhait de devenir la première région 100 % renouvelable d'ici à 2050. Pour cela, l'Occitanie s'appuie sur les technologies hydrogène, accompagnée dans leur déploiement par son agence de l'innovation et du développement économique, Madeeli, en partenariat avec l'ADEME. L'agence a notamment piloté une étude stratégique sur le développement de la filière en région. Elle a été finalisée en mars 2016 et a permis de dégager quatre axes dont l'intégration de l'hydrogène en milieu aéroportuaire. De ce constat est né le projet HyPort, avec notamment la production d'hydrogène et la création de stations autour des aéroports de Toulouse-Blagnac (Haute-Garonne) et de Tarbes-Pyrénées (Hautes-Pyrénées). Pour ce qui concerne la production, en plus d'une unité à Port-la-Nouvelle (Aude) par voie fermentaire, deux autres usines de production d'hydrogène vert sont prévues pour 2030, sans compter des travaux de recherche sur les PAC. Dans le domaine de la mobilité, la région est également active avec un démonstrateur TER (trois rames pour la ligne Montrejeau-Luchon), la production de bus, ainsi que l'acquisition de véhicules lourds, légers et utilitaires (plus de 3 000 programmés !).

Pays de la Loire

La région Pays de la Loire mise sur les acteurs industriels et publics et sur son ancrage maritime et souhaite faire de l'hydrogène un accélérateur de sa transition énergétique, avec l'objectif de devenir la première région française pour la mobilité durable. Dans ce cadre, les projets concernent notamment la production renouvelable d'hydrogène et le déploiement de la mobilité (navettes et bateaux de pêche, R&D sur la propulsion marine…) et des usages fluviaux maritimes et portuaires (navettes, R&D sur la propulsion marine…).

Provence-Alpes-Côte d'Azur : décarboner industrie et mobilité

La région Sud-Provence Alpes-Côte d'Azur ambitionne d'être la première région française neutre en carbone à l'horizon 2050. Le Plan climat régional consacre un volet d'actions au développement du potentiel régional en termes d'énergies renouvelables et à l'amélioration de son efficacité énergétique. Le développement de l'hydrogène s'inscrit particulièrement dans les actions et ambitions suivantes : soutien aux nouvelles filières énergies renouvelables, mise en place de démonstrateurs hydrogène sur le territoire, innovation pour des transports décarbonés, renouvellement du parc roulant aux normes environnementales, réduction de l'empreinte carbone des entreprises du transport routier et réduction des nuisances des moteurs des navires sur l'environnement. Parmi les réalisations, notons le démonstrateur Jupiter 1000 de power-to-gas à Fos-sur-Mer (Bouches-du-Rhône) pour le captage de carbone industriel et injection d'hydrogène dans le réseau de GRTgaz et des stations dans le Var, au circuit Paul-Ricard, et dans la zone portuaire de Toulon (projet Hynovar). Citons également de nombreux projets en R&D, comme une navette maritime et des bus et véhicules utilitaires à Toulon.

4. Conclusions

La lutte contre le changement climatique et la nécessaire transition écologique sont désormais des faits de société ; les citoyens s'en emparent, les territoires se l'approprient et l'État prend (enfin) les mesures nécessaires afin de faire de l'hydrogène le vecteur énergétique du futur dans un mix énergétique cohérent et prenant en compte l'histoire énergétique de la France. Il ne faut plus perdre de temps ! Il faut créer les écosystèmes de l'hydrogène de manière cohérente et adaptée aux territoires en considérant les énergies intermittentes (parcs éoliens et photovoltaïque), en utilisant le parc nucléaire (producteur d'électricité et de chaleur pour permettre le fonctionnement optimal des électrolyseurs à haute température), mettre en place la filière de l'hydrogène (de la formation aux métiers de l'hydrogène à la production de masse) et ainsi faire prendre la bouffée d'hydrogène nécessaire à notre société.

Chapitre III
L'hydrogène au cœur des réseaux énergétiques de demain

Laurent Jammes - Directeur Scientifique Adjoint, CNRS - Institut National des Sciences de l'Univers

1. Introduction

La nécessité de limiter les effets du changement climatique et de préserver les ressources naturelles impose à nos sociétés de s'engager dans un changement en profondeur de leur modèle de développement. En 2015, les Nations Unies ont ainsi adopté les dix-sept objectifs du développement durable[10]. L'objectif 7 concerne directement l'énergie (Garantir l'accès de tous à des services énergétiques fiables, durables et modernes, à un coût abordable), et plusieurs autres y sont indirectement lié, par exemple l'objectif 13 (Prendre d'urgence des mesures pour lutter contre les changements climatiques et leurs répercussions).

Nous sommes donc engagés dans la transition énergétique, dont l'objectif est de transformer en profondeur les systèmes énergétiques existants pour les rendre plus durables et respectueux de l'environnement, tout en assurant à chacun l'accès à l'énergie à un coût abordable.

Les caractéristiques des systèmes énergétiques et les conditions d'accès à une énergie propre diffèrent largement d'un pays à l'autre. Les enjeux sont multiples, entre l'accès à

---

[10]https://www.un.org/sustainabledevelopment/fr/objectifs-de-developpement-durable/

l'énergie et son coût, les questions d'indépendance et de souveraineté, l'empreinte environnementale du secteur… Chaque pays est donc amené à définir sa propre feuille de route, fonction des caractéristiques nationales et des priorités, et de mettre en œuvre les changements structurels qui s'imposent.

Certaines directions sont néanmoins partagées : le développement de sources d'énergie renouvelable venant se substituer aux ressources fossiles ; des modes de production plus décentralisée, parfois directement au niveau du consommateur, des efforts constants pour limiter la consommation, notamment par l'accroissement de l'efficacité énergétique des équipements et des procédés… c'est dans ce paysage que les technologies utilisant l'hydrogène apparaissent souvent comme des solutions possibles. L'hydrogène est en effet un vecteur énergétique sans carbone dont la combustion ne produit que l'eau. Il est possible de le produire à partir de sources locales d'électricité renouvelable, en fonction des besoins. Son stockage sous forme de gaz comprimé est relativement facile. Energie propre qu'il est possible de stocker, production locale à destination d'usages locaux… les nombreux atouts de l'hydrogène poussent certains à le promouvoir sous la forme d'une « société de l'hydrogène ».

L'objectif de ce court article est de faire un point sur le développement et le déploiement des technologies de l'hydrogène dans le cadre de la transition énergétique. Dans une première partie, nous présenterons les différentes technologies de l'hydrogène (production, stockage et transport, usages). Dans une deuxième partie, nous indiquerons comment ces technologies peuvent répondre aux besoins spécifiques de la transition énergétique. Enfin, dans une dernière partie, nous présenterons trois feuilles de route nationales, celles du Japon, de l'Allemagne et de la France, pour montrer comment se prépare leur déploiement massif, visant à répondre aux objectifs de transition de ces différents pays.

2. Les technologies de l'hydrogène

Les systèmes énergétiques articulent les technologies de production d'énergie, les réseaux de transport et de distribution, les moyens de stockage et les usages finaux de l'énergie. Ces composants constituent la chaine de valeur associée à tout vecteur énergétique. Nous présentons ci-dessous les technologies de l'hydrogène en reprenant cette catégorisation.

La production

L'hydrogène est partout présent sur la planète, mais souvent associé à d'autres atomes sous la forme de molécules comme l'eau (H2O), le méthane (CH4), l'ammoniac (NH3). Il est généralement produit par dissociation de ces molécules, par exemple l'électrolyse de l'eau ou le vaporeformage du méthane. C'est cette dernière voie, ou plus généralement la production d'hydrogène à partir de combustibles fossiles, qui est de loin la plus utilisée (95 % de la production d'hydrogène actuelle), même si la production par électrolyse tend à se développer rapidement. La production d'hydrogène à partir d'hydrocarbures s'accompagne d'émissions de CO_2, à l'exception près de voies comme le thermo-craquage du méthane qui produit du carbone solide. Les émissions de CO_2 associées à l'électrolyse dépendent de l'empreinte carbone de l'électricité utilisée, et sont donc nulles si l'électricité est d'origine renouvelable. Ces différentes voies sont en compétition, la production à partir de combustibles fossiles étant à l'heure actuelle significativement moins chère que celle par électrolyse de l'eau. L'hydrogène produit à partir de combustibles fossiles avec un système de captage et de stockage du CO_2 émis est qualifié de « bleu » ; l'hydrogène produit à partir d'électricité produite sans émissions de carbone est qualifié de « vert ».

Notons enfin l'existence de nombreuses études sur les mécanismes de production d'hydrogène naturel (par des phénomènes d'oxydation ayant lieu dans certains contextes géologiques) avec comme objectif d'évaluer la viabilité de l'exploitation de tels gisements, comme on exploite ceux de pétrole et de gaz.

Tant que la production d'hydrogène naturel restera marginale, l'essentiel des besoins devra être couvert par des voies de production nécessitant d'utiliser une énergie primaire en entrée (charbon, pétrole, gaz naturel…) pour dissocier les molécules contenant de l'hydrogène et le produire. L'hydrogène ainsi produit est ainsi qualifié d'énergie secondaire, au contraire de l'hydrogène naturel qui serait considéré comme une énergie primaire.

Le transport et le stockage

Même si la densité énergétique de l'hydrogène est élevée (son PCI est de 120 MJ/kg à comparer à 50 MJ/kg pour le méthane), le stockage et le transport d'hydrogène est compliqué par la très faible densité de ce gaz (0,09 kg/Nm^3 à 20 °C à comparer à celle du méthane qui est de 0,65 kg/Nm^3) qui nécessite de le comprimer pour être efficace. L'hydrogène se stocke et se transporte néanmoins sous de multiples formes (gaz, liquide, solide), avec des efficacités (rendement énergétique, coût) variées.

C'est le stockage sous forme gazeuse à haute pression (200-700 bars) qui est le plus utilisé, dans des réservoirs de différents types, combinant généralement une enveloppe en acier (pour l'étanchéité) et une enveloppe en matériau composite (pour tenir la pression). Le stockage souterrain en cavités salines est aussi possible pour de gros volumes.

Le stockage sous forme liquide est aussi envisagé pour transporter de gros volumes d'hydrogène, ou sur de longues distances. Les trois principales voies envisagées sont : le stockage à très basse température (cryogénique à -253 °C) ; le stockage sous forme de LOHC (*Liquid Organic Hydrogen Carrier*, par exemple le méthylcyclohexane) ; et le stockage sous forme d'ammoniac (NH_3). Enfin, le stockage solide par absorption ou adsorption dans des matériaux est aussi étudié : hydrures métalliques (absorption), MOF, Zéolithes (adsorption) avec encore peu d'applications commerciales.

Les usages de l'hydrogène

Les usages de l'hydrogène sont multiples : c'est un moyen de stocker l'électricité ; il peut être utilisé comme énergie finale pour la mobilité ou la production stationnaire d'électricité et de chaleur ; c'est enfin une matière première pour la fabrication de produits chimiques variés.

L'hydrogène permet d'abord de stocker l'électricité, même si le rendement associé à cette opération est faible (de l'ordre de 30-35 %). L'électricité produite en surplus, par exemple par des sources renouvelables intermittentes, est utilisée pour produire de l'hydrogène par électrolyse de l'eau, et cet hydrogène peut être facilement stocké. Il peut ensuite alimenter des piles à combustibles ou des turbines pour produire à nouveau de l'électricité (et de la chaleur).

L'hydrogène peut aussi être utilisé comme énergie finale, par exemple pour la mobilité grâce à une pile à combustible qui produit de l'électricité servant à alimenter un moteur électrique. Cette technologie s'applique potentiellement à tous les types de véhicules : vélos, chariots élévateurs, voitures, bus, bennes à ordures, véhicules utilitaires et camions, trains, bateaux et potentiellement avions. L'hydrogène permet aussi d'alimenter des piles à combustible stationnaires pour assurer l'approvisionnement en électricité et chaleur d'installations diverses (par exemple des antennes) ou de bâtiments de différentes tailles (maisons individuelles, bâtiments publics). Notons ici que l'utilisation conjointe de l'électricité et de la chaleur, quand elle est possible, permet d'assurer un excellent rendement global, supérieur à 90 %.

Enfin, l'hydrogène est une matière première permettant de valoriser le CO_2 capté de sources émettrices, en fabriquant des produits chimiques ou des carburants de synthèse (méthanol, éthanol, méthane…).

3. Contributions de l'hydrogène à l'évolution des systèmes énergétiques

L'enjeu est alors d'intégrer au mieux les différentes technologies utilisant l'hydrogène pour répondre aux objectifs de la transition énergétique, et en particulier contribuer à la décarbonation des systèmes énergétiques.

Les réseaux énergétiques actuels (production, transport, distribution et consommation d'un vecteur énergétique donné), sont gérés de façon indépendante (séparément pour chaque vecteur comme l'électricité et le gaz) et essentiellement basés sur des capacités de production centralisées et de gros volume. De plus, ces réseaux utilisent largement les combustibles fossiles et sont donc fortement carbonés. Ces systèmes évoluent avec le développement des énergies renouvelables intermittentes, et subissent peu à peu des modifications structurelles importantes - production décentralisée, installations de capacité de stockage - dans lesquelles l'hydrogène a un rôle à jouer.

Un moyen de stocker l'électricité

L'électricité se stockant difficilement, la production électrique est en permanence ajustée pour correspondre à la consommation. Celle-ci est évaluée à l'aide de modèles prédictifs et la production des différents actifs est organisée selon une logique d'entrée que l'on appelle le « merit order[11] » ou préséance économique. Ceux-ci sont convoqués par ordre de coût marginal de production croissant, pouvant tenir compte des émissions de CO_2 associées.

La production croissante d'énergies renouvelables intermittentes, prioritaires à l'entrée, car de coût marginal très

[11] https://omnegy.com/la-mecanique-du-merit-order/

faible, pose des problèmes d'intégration au réseau. Le décalage entre la production renouvelable et la consommation doit être compensé par des moyens de stockage ou de production de pointe, pour lesquels un modèle d'affaire est difficile à établir. Il est parfois nécessaire d'arrêter le fonctionnement de certains actifs (éoliennes), ou de payer le consommateur pour qu'il utilise de l'électricité (prix de l'électricité négatifs[12]). Dans les cas de surproduction électrique importante, l'électricité en surplus peut être convertie en hydrogène et stockée sous cette forme, avant d'être reconverti en électricité lorsque la demande est forte. Plusieurs projets de production et de stockage en cavité saline d'hydrogène sont actuellement à l'étude, couplés à des installations d'éoliennes de forte puissance.

Un vecteur permettant de coupler les réseaux (gaz, électricité, chaleur)

Ainsi, la conversion en hydrogène, son stockage et la ré-électrification apportent au système électrique des degrés de liberté supplémentaire permettant d'optimiser son fonctionnement pour, entre autre, permettre de maximiser la rentabilité des actifs de production d'énergie renouvelable.

Cette stratégie peut être généralisée en considérant l'hydrogène comme un vecteur de couplage entre les réseaux d'électricité, de gaz et de chaleur. En effet, l'hydrogène produit à partir d'électricité verte peut être (1) directement injecté dans le réseau de transport ou de distribution de gaz naturel pour contribuer à les décarboner ou (2) combiné avec du CO_2 pour produire du méthane de synthèse. Par ailleurs, l'utilisation de l'hydrogène (ou du méthane) dans les piles à combustible produit de l'électricité et de la chaleur. L'introduction de l'hydrogène au cœur des systèmes énergétiques permet donc de créer des voies de couplage entre les différents réseaux, et ainsi d'envisager un changement de paradigme dans leur gestion.

---

[12]https://www.windpowermonthly.com/article/1696090/negative-power-pricing-peaks-europe-during-coronavirus

Grâce à l'ajout de degrés de liberté supplémentaires internes – moyens de stockage et voies de couplage –, il est possible d'optimiser globalement le système énergétique d'un territoire au regard de certains critères (économiques et environnementaux), considérant ensemble tous les vecteurs énergétiques, et de le piloter en temps réel grâce aux nouvelles technologies de l'information. On parle alors de systèmes multi-énergies intelligents.

Un moyen de décarboner le transport et l'industrie

L'hydrogène est aussi un moyen de décarboner le secteur des transports en contribuant au développement de l'usage de véhicules électriques. Dans un premier temps, l'ajout de prolongateurs d'autonomie – comprenant une pile à combustible et un petit réservoir à hydrogène –, a permis d'améliorer l'autonomie et la disponibilité des véhicules utilitaires à batterie comme la Kangoo ZE. Des solutions « tout hydrogène » sont aussi disponibles pour les voitures particulières, les bus, les camions et les trains, avec un fort potentiel de déploiement. On envisage aussi d'utiliser l'hydrogène dans le transport maritime et aérien, et de nombreux constructeurs ont engagé des programmes de Recherche et Développement pour s'y préparer.

L'hydrogène est aussi un moyen de décarboner l'industrie, selon des voies qui diffèrent en fonction des secteurs considérés. L'industrie sidérurgique étudie la possibilité d'augmenter la proportion d'hydrogène injectée dans les hauts-fourneaux ou des procédés alternatifs comme la production de fer pré-réduit en utilisant de l'hydrogène à la place du gaz naturel. Les raffineries utilisent de plus en plus d'hydrogène vert pour leur production de produits pétroliers pour en diminuer l'empreinte carbone.

4. Les feuilles de routes hydrogène des pays

L'hydrogène est ainsi un vecteur énergétique très attractif, alternatif aux combustibles fossiles avec de multiples applications. Ces usages variés sont autant de contributions potentielles à la transition énergétique de nombreux pays, qui s'engagent dans la définition et l'implémentation de feuilles de route hydrogène, associant des actions de Recherche et Développement, de Démonstration et de Déploiement. Nous en analyserons rapidement trois : celles de la France, de l'Allemagne et du Japon.

Japon

La première feuille de route hydrogène japonaise date d'avril 2014 et a fait l'objet de plusieurs ajustements. Elle vise à contribuer à quatre objectifs principaux de la politique énergétique nationale : 1) accroître la sécurité d'approvisionnement en énergie, 2) développer le leadership technologique des entreprises japonaises, 3) augmenter l'efficacité énergétique et réduire la facture énergétique et enfin 4) réduire les émissions de gaz à effet de serre. L'engagement dans l'économie de l'hydrogène est ainsi planifié par le METI, dans une approche systémique, couvrant la totalité de la chaine de valeur. Cette feuille de route comprend trois phases : 1) la phase 1 (2017-2030) se focalise sur le déploiement des véhicules à hydrogène, des stations-services et des piles à combustible à usage résidentiel, avec pour objectif de positionner les technologies japonaises sur le marché mondial ; la phase 2 (2020 à 2030/2040) vise à accroître la demande en hydrogène (5,3 millions de logements équipés de pile à combustible, 800 000 véhicules, 900 stations, et 1 GW de capacité installée en 2030), tout en diversifiant l'approvisionnement et en assurant la distribution domestique ; la phase 3 (autour de 2040) vise à mettre en place une chaine d'approvisionnement en hydrogène décarboné, produit à partir de renouvelables ou d'énergies fossiles couplées au CCS.

Notons enfin que le marché des équipements et infrastructures hydrogène au Japon est estimé à sept à huit milliards d'euros par an en 2030 et 60 à 70 milliards d'euros par an en 2050.

Allemagne

Le gouvernement fédéral allemand a proposé le 10 juin 2020 une stratégie nationale hydrogène, qui définit le cadre de la production, du transport et de l'utilisation de l'hydrogène, encourageant les innovations et les investissements en rapport avec les objectifs nationaux. En termes de production, l'objectif est d'atteindre 5 GW de capacité installée en 2030 et 10 GW en 2040, avec uniquement une production d'hydrogène vert à long-terme. La possibilité d'importer l'hydrogène de l'étranger reste ouverte. Pour les usages, l'accent est mis sur la décarbonation de l'industrie (transport aérien, production d'acier, chimie…) et sur la mobilité (1/3 des véhicules lourds fonctionnant à l'hydrogène ou avec des carburants décarbonés en 2030 ; 100 stations de recharge en 2020 et 400 en 2023/2025 dont 140 stations dédiées aux véhicules lourds en 2050). Le financement des technologies de l'hydrogène (développement et déploiement) bénéficiera du plan de relance avec neuf milliards d'euros investis. Un programme de R&D dédié « Hydrogen technologies 2030 » sera mis en place. Cet effort global sera piloté par le Conseil National de l'Hydrogène, composé de représentants de l'industrie et de la recherche académique, et par une « task force » interministérielle dédiée. Notons le souhait de l'Allemagne d'investir un milliard d'euros dans des actions à l'étranger.

France

Trois ministères français (Ministères de la Transition Ecologique, de l'Economie des Finances et de la Relance, de l'Enseignement Supérieur de la Recherche et de l'Innovation) et le Secrétariat Général pour l'Investissement ont présenté le 8 septembre 2020 la stratégie nationale pour le développement de l'hydrogène décarboné en France. L'objectif est d'avoir 6,5 GW de capacité de production installée, privilégiant l'électrolyse, mais laissant la porte ouverte à des modes de production bas-carbone (par exemple réformage avec capture et stockage du CO_2). Les priorités sont mises sur la décarbonation de l'industrie (raffineries, chimie, industrie alimentaire…) avec 10 % d'hydrogène vert en 2023 et 20-40 % en 2028, ainsi que sur la mobilité (5000 véhicules légers en 2023 ; 20 000-50 000 en 2025, 200 véhicules lourds en 2023, 2 000-8 000 en 2028 ; 100 stations de recherche en 2023, 400-1 000 en 2028). Le financement de ce programme de déploiement est inclus dans le plan de relance pour un montant global de 7,2 milliards d'euros. L'agence en charge de la mise en œuvre est l'ADEME. Un comité de pilotage, le Conseil National de l'Hydrogène, rassemble les industriels des différentes filières concernées ainsi qu'un représentant du Commissariat à l'Energie Atomique. Une « task force » interministérielle sera aussi mise en place. Concernant la recherche, un Programme et Equipement Prioritaire de Recherche (PEPR) dédié sera mis en place d'ici la fin 2021, doté d'un budget de 60-70 millions d'euros.

5. Conclusion

L'hydrogène est un vecteur énergétique décarboné aux multiples usages, qui trouve de multiples applications dans les scénarios d'évolution de nombreux systèmes énergétiques. Ainsi, à la suite de la publication de la feuille de route technologique « Hydrogen and fuel cells » de l'IEA, en 2015, et à l'instar du Japon qui fut précurseur en la matière, tous les pays se dotent peu à peu de leur propre feuille de route et collaborent dans les efforts de R&D, démonstration et déploiement des technologies de l'hydrogène, comme en témoignent les riches échanges et partages d'expérience dans les différents comités de l'International Partnership on Hydrogen and Fuel Cells in the Economy (IPHE). Certaines stratégies sont essentiellement pragmatiques, visant à favoriser la réalisation de projets locaux de déploiement technologique de plus en plus nombreux, essentiellement sélectionnés en fonction de leur viabilité économique. D'autres approches sont plus systématiques, comme l'Allemagne et le Japon, qui font le choix d'investir dans des infrastructures initialement non rentables (par exemple le réseau de stations de recharge en Allemagne), mais identifiées comme nécessaires à la réalisation du plan d'ensemble. Dans un cas comme dans l'autre, les financements très significatifs débloqués dans le cadre des différents plans de relance post-covid devraient permettre de passer à l'échelle supérieure et d'atteindre les conditions du marché, d'autant plus rapidement qu'un coût sera associé au émissions de CO_2.

Bibliographie

BMWi, Ministère Fédéral de l'Economie et de l'Energie, « The National Hydrogen Strategy », Juin 2020

IEA, « Technology roadmap – Hydrogen and Fuel Cells », June 2015

IEA « The Future of Hydrogen », June 2019

MTE, MEFR, MESRI et SGPI, « Stratégie nationale pour le développement de l'hydrogène décarboné en France », Septembre 2020

SHELL, « Hydrogen Study – Energy of the future ? » 2017

Westphal K., Dröge S. et Geden O., « The international Dimension of Germany's Hydrogen Policy », SWP Comment, NO. 32, Juin 2020

Chapitre IV
De l'acceptabilité sociale des projets à leur co-construction

Félix G.R. Turmel - Consultant, Transition Environnementale et Participation Citoyenne, Chercheur en sciences politiques et sociales associé au laboratoire DySoLab, Université de Rouen Normandie

1. Avant-propos

Cette communication est pensée comme une synthèse du projet ARTEMIS, financé par la Région Normandie et les fonds européens FEDER. Le propos est ici orienté en faveur d'un public large afin de diffuser quelques résultats et propositions du rapport final du projet.

Cette synthèse ambitionne de faire un lien entre différents matériaux à savoir : une série de billets de vulgarisation à parution mensuelle et disponible sur le site Echosciences Normandie, un article en cours de parution sur la revue VertigO et intitulé « Doit-on s'attendre à refus du déploiement de l'hydrogène ? Dynamique territoriale et transition énergétique », d'échanges réalisés avec des spécialistes de ces thématiques dans le cadre du séminaire « Risque, Technique, Démocratie : La sociologie face aux risques industriels et environnementaux » organisés par le laboratoire DySoLab de l'Université de Rouen Normandie en 2020.

Après un bref état de l'art, nous interrogerons la place de la technologie dans la perception de l'acceptabilité sociale des projets. Se faisant nous verrons qu'au regard du contexte et de l'accroissement des blocages de projets, le concept d'acceptabilité sociale n'a plus la pertinence nécessaire pour assurer le succès d'implantation des initiatives. Les précédents constats seront ainsi l'ouverture nécessaire à la présentation des recommandations issues du rapport ARTEMIS à l'intention de la Région Normandie.

2. Approche théorique

Du point de vue de l'état de l'art, l'acceptabilité sociale est une thématique riche de nombreux travaux portant principalement sur trois axes : l'acceptabilité sociale d'une technologie, la construction de l'inacceptabilité sociale ainsi que la critique du concept. Sociologues, politologues, géographes, économistes, juristes et bien d'autres ont participé à l'élaboration d'une vaste base de données qui repose non seulement sur une forte interdisciplinarité, mais qui s'inscrit également dans une approche internationale dans laquelle la francophonie trouve sa place à travers, notamment, les travaux français et québécois. Si l'approche choisie pour ARTEMIS cumule ces trois perceptions du concept, l'acceptabilité sociale n'est toutefois pas l'unique approche permettant d'interpréter les blocages de projets.

Les travaux réalisés sur le phénomène NIMBY renforcent notre compréhension des perceptions qu'ont les porteurs de projets de ces blocages. Des discours de type « les gens sont égoïstes », « les gens ne savent pas ce qu'ils veulent »… étant monnaie courante sur ce terrain pour expliquer les blocages à répétition des projets, il devient alors nécessaire de s'appuyer sur les travaux du NIMBY pour élargir l'approche. Pourtant, en dépit de ce que ces discours peuvent laisser transparaître, il apparaît que les blocages s'inscrivent véritablement dans une logique de réappropriation du territoire et de participation à la politique territoriale (Sébastien et al., 2019).

Les travaux réalisés sur le militantisme citoyen nous indiquent quant à eux que l'explosion des mouvements et collectifs associatifs ne doit rien au hasard (Berny, 2019). Le développement de « l'expertise militante » (Micoud, 2007) comme réponse à l'inaction des acteurs institutionnels croît à mesure que la défense de l'environnement gagne à s'inscrire dans la norme sociale. Et tandis que le secteur associatif subissait un véritable déclin à la fin du siècle dernier (Ion, 1997), le regain du début des années 2000 est en lien direct avec ces mouvances politico-écologistes.

L'ensemble de ces constats nous amène irrémédiablement à questionner les trajectoires vers lesquelles se dirigent chacune de ces thématiques. Ces convergences nous conduisent d'ailleurs vers une restructuration nécessaire de nos modèles de prise de décision. Dans le cas de l'acceptabilité sociale, il s'agit de repenser la pertinence et l'efficacité du concept pour assurer l'implantabilité des projets.

3. Perceptions et acceptabilité sociale des projets énergétiques

L'enquête révèle qu'entre 2018 et 2020, le vecteur énergétique hydrogène jouit d'une excellente image auprès de l'ensemble du corps social. Qu'ils soient issus de la société civile, de l'industrie, des collectivités territoriales, du monde de la finance et j'en passe, l'ensemble des acteurs interrogés nourrissent des espoirs divers et variés à propos de cette technologie. Indépendance énergétique, autoproduction, diminution des gaz à effets de serre, atténuation des conflits internationaux ou encore troc énergétique, l'hydrogène demeure avant tout un vecteur d'espoir.

En parallèle de cette image mirifique nous ne pouvons ignorer que la Normandie se caractérise par une absence significative d'infrastructures hydrogène. La présence de stations d'amorçages méconnues du grand public (projet EAS-HyMob) ou l'évocation de projets vaguement connus, mais dont l'implantation n'aura pas lieu avant plusieurs années (projet H2V Normandy) ne permettent pas au corps social de comprendre les tenants et aboutissants de cette technologie : quel impact sur nos vies ? Sur notre mobilité ? Sur notre habitat ? …

Peut-on alors parler d'acceptabilité sociale du vecteur énergétique hydrogène ? Dans les nombreux discours de porteurs de projets, l'acceptabilité sociale d'un projet énergétique est le fruit de la perception de la technologie par le corps social. Pourtant, l'exemple du cas de l'énergie éolienne qu'illustre Maarten Wolsink (2000) dans son article « Wind power and the NIMBY-myth : institutional capacity and the limited signifiance of public support » démontre que le lien entre perception positive et capacité d'implantation des projets conduit dans une impasse. Dans cette étude de cas européenne, le géographe néerlandais démontre que le *consensus virtuel* autour de la technologie éolienne ne correspond pas à son *application réelle*. En d'autres termes et si l'on traduit ce constat vingt ans plus tard, on peut voir que depuis 2000 cette tendance s'est accrue. À l'heure actuelle plus de 75 % des Européens ont une perception très positive de la technologie éolienne tandis que les blocages de projets éoliens sont en hausse. Donc soit les porteurs de projets éoliens ont la malchance d'implanter leur projet à proximité des 25 % de la population européenne n'ayant pas un avis sur cette technologie, soit les blocages de projets éoliens ne sont pas le fruit de la technologie en elle-même.

Pour aller plus loin, si l'on interroge les discours des porteurs de projets publics et privés auxquels on se doit d'ajouter les médias dont le rôle est significatif dans le cadre de la perception collective, on peut constater un amalgame profondément ancré entre la technologie et son processus d'implantation. Les deux sont confondus à tel point qu'en cas d'échec d'implantation d'un projet énergétique, les acteurs parleront « d'inacceptabilité sociale [du projet] de LA technologie ». Le processus d'implantation ne sera abordé qu'en second plan ou sera totalement occulté. Pourtant, l'exemple des éoliennes de

Maarten Wolsink démontre que la technologie n'est qu'une facette de l'implantabilité d'un projet énergétique. De nombreux travaux produits ces vingt dernières années viennent renforcer cette tendance en soulignant l'importance de ce que nous appelons ici processus d'implantation, c'est-à-dire l'ensemble des éléments qui vont permettre l'implantation d'un projet à savoir la relation des porteurs avec les citoyens, l'inscription du projet dans un contexte local ou plus large, le besoin initial…. Cela, en parallèle de la technologie ou de la pratique que va véhiculer ledit projet.

4. L'acceptabilité sociale des technologies mise à mal par le contexte

À l'heure actuelle, réfléchir sous forme d'acceptabilité sociale d'une technologie n'est plus suffisamment pertinent pour permettre aux porteurs de projets d'avoir la visibilité nécessaire pour développer leurs initiatives. Pourtant le concept n'est pas récent. Voilà plusieurs décennies qu'il est étudié par la communauté scientifique et il est très intéressant d'observer que les porteurs de projets qui le mobilisent sont au fait des résultats de la recherche. À titre d'exemple, la publication de Pierre Batellier (2015) intitulée « Cartographie d'une notion et de ses usages » est connue de la quasi-totalité des porteurs interrogés. Dans ce contexte se pose alors nécessairement la question des raisons qui justifient l'incapacité grandissante du concept à répondre aux besoins des porteurs de projets. En d'autres termes, si le concept a su évoluer et si les porteurs de projets ont connaissance de cette évolution, comment expliquer que le taux de blocage des projets soit en constante hausse ?

Si l'on compare l'évolution du concept et celui de nos sociétés, on peut constater que l'écart s'est peu à peu creusé. Plus factuellement on a pu observer l'accroissement des mobilisations contre la démocratie strictement représentative au cours des dernières années. Bien que le mouvement des Gilets-

Jaunes en soit l'exemple le plus flagrant, il n'en demeure pas moins un fragment.

De plus ces mouvements s'accompagnent de demandes de sollicitation citoyennes se traduisant sous forme de Référendums d'Initiatives Citoyenne, Populaire ou Partagée, de demandes de Grands-Débats et autres consultations sous différentes formes. En parallèle le taux de participation aux différents scrutins en France comme en Europe a fortement diminué atteignant, toutes élections françaises confondues sauf présidentielles, jusqu'à 50 % d'abstention depuis ces dernières années. Tout ceci s'inscrit dans une logique de défiance des citoyens envers la démocratie telle qu'elle est pratiquée à l'heure actuelle. Les décisions prises à l'intérieur de ce système démocratique perdent alors en légitimité à l'instar de ses représentants. Notons cependant que la critique de la légitimité n'est pas récente, elle s'est en revanche accentuée au cours des deux dernières décennies.

On peut constater que le portage de projet couplé à une réflexion sous forme d'acceptabilité sociale peine à répondre à la demande. Pire, en intégrant les citoyens aux projets sans leur octroyer de possibilité d'ingérer réellement sur le résultat final, les porteurs ont renforcé l'emballement. Ainsi, si l'acceptabilité sociale a pu répondre partiellement aux enjeux de participation pendant un temps, le concept a désormais perdu pied et n'est plus en mesure d'assurer le succès d'implantation des projets.

5. Quelle issue pour les projets et leurs porteurs ?

Si le précédent constat fait relativement force de consensus au sein du débat sur l'acceptabilité sociale, la question de « l'après » est quant à elle nettement plus glissante. À titre personnel et comme je l'ai déjà exprimé dans mes précédentes publications traitant du concept, je ne m'aventurerai pas dans le débat relatif à la suppression du concept. Je considère, à l'inverse, qu'il est nécessaire d'apporter des solutions pour pallier ses lacunes. Les rencontres qui ont pu être réalisées tout au long de l'enquête nous indiquent que les porteurs de projets sont soucieux d'être accompagnés et conseillés et c'est en ce sens que les recommandations ont été construites.

Dans le rapport ARTEMIS soumis à la Région Normandie, je recommande aux acteurs du territoire de recentrer leur attention sur le processus d'implantation des projets afin de pallier les carences de l'acceptabilité sociale. Il ne s'agit pas de supprimer le concept déjà en place, mais de reconnaître ses limites afin d'offrir de nouvelles perspectives aux porteurs de projet. Cela passe par cinq points interconnectés et interdépendants.

L'intégration des citoyens au processus dès la recherche de solution. Il devient nécessaire non seulement d'effectuer l'intégration des citoyens pour assurer la légitimité des projets et leur appropriation par les citoyens, mais également de l'entamer dès le début de l'initiative. À l'heure actuelle, beaucoup de projets dits « participatifs » font intervenir les citoyens pour valider un projet déjà constitué. Cette approche participative-validative est toutefois une impasse. Puisque les participants n'ont que très peu sinon aucune réelle capacité d'intervenir sur le projet, ils vont plus facilement être enclins à invalider le projet dans son intégralité. Les faire intervenir dès la recherche de solutions s'avère plus efficace pour co-construire une solution portée par les acteurs du territoire et par les citoyens.

Diversifier les outils et méthodologies de la participation. Il existe un grand nombre d'outils pour favoriser des approches participatives. On peut notamment citer les sondages d'opinions, ateliers de co-construction, réunions publiques, débats, conventions citoyennes, concours, pour n'en citer que quelques-uns. Chacun de ces outils possède ses atouts et limites propres et il convient d'exploiter les outils et méthodologies les plus pertinents pour chaque projet. Cela afin d'obtenir des résultats viables, d'inscrire les projets dans une logique pérenne et de rétablir progressivement la confiance des citoyens dans les porteurs de projets. À l'instar des énergies la participation doit s'inscrire dans un *mix-méthodologique* duquel on extrait un outil adapté à chaque cas et non l'inverse.

Repenser la production et la diffusion de l'information. Dans le cadre des projets d'ESSE (économie sociale solidaire et environnementale), il devient de moins en moins pertinent d'utiliser la communication telle qu'elle est produite à l'heure actuelle. En effet, les discours marketing quasi-publicitaires démontrant que les projets sont bénéfiques à la société et à l'environnement sans remise en question des limites du projet, de la technologie ou pratique véhiculée sont perçus par beaucoup de nos enquêtés comme « dépassés », « moyenâgeux ». Les projets conçus sous l'égide de l'ESSE vont donc devoir transformer profondément leurs modèles de formulation de l'information sous peine d'être discrédités aux yeux des citoyens. Si à l'heure actuelle présenter les limites de ses projets peut sembler contre-intuitif, cela deviendra sous peu un levier à la participation citoyenne et à la co-construction des projets. Le cas de l'ESSE est d'ailleurs très intéressant puisqu'il s'agit d'un cadre de pensée dans lequel les individus recherchent cette nuance ou critique pour évoluer tandis que sur d'autres thématiques cela ne s'impose pas comme un besoin ou une nécessité.

Une réflexion sur les canaux de diffusion est également nécessaire. Beaucoup d'acteurs considèrent que l'information est disponible sur leurs canaux (site internet, réseaux sociaux,…) et reprochent aux citoyens de ne pas aller chercher l'information par eux-mêmes. S'il est évident que cette capacité d'auto-renseignement varie d'une génération à l'autre, la trop grande pluralité des canaux épuise les initiatives d'auto-renseignement. À titre d'exemple, un citoyen lambda est membre d'une commune, mais aussi d'un quartier, d'une intercommunalité, d'un département, d'une région, de la France, de l'Europe, sans compter les canaux professionnels, associatifs, de loisirs …. Il n'est donc pas pertinent de penser que les citoyens peuvent aussi facilement accéder à l'information.

Enfin, un travail considérable est à mener pour permettre un bon suivi. Les participations à des initiatives impulsées par des structures publiques ou privées (le sondage en est l'exemple le plus courant, mais il faut élargir cet exemple à l'ensemble des participations) se ponctuent souvent par une absence totale de suivi sur ce qu'ils ont participé à réaliser. À terme, l'absence de suivi devient un motif de non re-participation à des initiatives participatives.

Encourager l'action à moyen et long terme. Si ce point n'est en rien une nouveauté, il est nécessaire de rappeler l'importance de la temporalité. Il est indéniable que la confiance entre les organisateurs et les participants est l'une des clés de voûte des démarches participatives. Cette confiance ne peut cependant exister sans s'inscrire sur de longues temporalités.

Favoriser la critique constructive des projets. À l'heure actuelle, les projets « participatifs » sont le plus souvent le théâtre de conflits. Les citoyens participants à ces consultations sont en majeure partie des militants d'associations écologistes ou de collectifs non affiliés. Il ressort que peu de ces citoyens sont des primo-participants, qu'ils ont une opinion négative des porteurs de projets et qu'ils se perçoivent comme « une force d'opposition » contre des porteurs de projets qui n'auraient pas d'autres objectifs que « de s'enrichir » au détriment de la cause qu'ils défendent. Dans cette logique, et quid de la position binaire (validation ou invalidation) dans laquelle ils se trouvent, il est tout à fait compréhensible que ces participants optent pour des réactions elles aussi binaires (agressive et/ou défensive). Ces positions et réactions ne sont pas favorables à une co-

construction du territoire et peuvent détruire totalement des projets. Pour pallier cela, il convient d'inscrire la construction du projet dans l'ensemble des points précédemment présentés. Changer la structure des projets conduira indubitablement à la transformation des relations entre les projets et les citoyens.

6. Conclusion

Il est désormais plus que nécessaire pour les acteurs des transitions de repenser leurs rapports aux citoyens. Alors que tout indique que la participation devient l'objet d'une véritable révolution politique, de nombreuses institutions peinent à développer cet axe. À l'instar de la transition environnementale avant elle, la transition démocratique devient le théâtre d'une migration des cerveaux vers les territoires offrant les moyens d'effectuer cette transition. À termes, cela viendra renforcer les disparités entre les institutions favorisant la participation et celles qui n'y prêtent que peu d'attention. Quid de l'expérience de la transition environnementale, cette nouvelle transition permettra-t-elle la redynamisation de territoires en déclin ? Quelle sera la place des tiers-lieux dans cette transition ? Quels seront les effets sur les acteurs économiques et le secteur privé ? Voici quelques-uns des grands questionnements auxquels pourront répondre les sciences politiques et sociales dans les années à venir.

Bibliographie

Batellier P, 2015, « *Acceptabilité Sociale : Cartographie d'une notion et des usages* », Cahier de Recherche, Montréal, Les publication du Centr'ERE, Université du Québec à Montréal, [En ligne] URL : https://uqam.ca/. Consulté le 12 septembre 2018

Berny N, 2019, « *Défendre la cause de l'environnement : Une approche organisationnelle* », Rennes, Presses universitaire de Rennes, coll « Res Publica », 298 p

Charpenel M, Féliu F, Juston R, Lianos M, Turmel F, « Risque, Technique, Démocratie : La sociologie face au risques industriels et environnementaux » *DySoLab*, [En ligne].

Ion J, 1997, « La fin des militants ? », Paris, Enjeux et société, 130 p

Micoud A, 2007, « *De l'expert-militant à l'être vivant sensible* », *Cosmopolitiques*, vol 15, pp. 121-133

Sébastien L, Milanesi J, Penlec J, 2019, « Résister aux projets d'aménagement, politiser les territoires : le concept de résistance éclairée appliqué à trois conflits d'aménagement », *VertigO*, Vol 19, [En ligne].

Turmel F, 2021, « L'acceptabilité sociale : une affaire de posture(s) ? », *Echosciences Normandie*, [En ligne].

Turmel F, 2021, « Définitions et limites de la démocratie participative » *Echosciences Normandie*, [En ligne]

Wolsink M, 2000, « *Wind power and the NIMBY-myth : institutional capacity and the limited signifiance of public support* », *Renawable Energy*, vol 21, [En ligne]

Chapitre V
Tiers-lieu : réel tremplin pour la recherche participative et l' innovation populaire ?

François Millet – Living Lab Manager, Le Dôme, Caen

Un atelier Living Lab autour de l'hydrogène au Dôme

1. Tiers-lieu et médiation scientifique

Nous sommes en 2021 et Le Dôme fête sa cinquième année d'existence. Il dispose d'espaces de travail partagés de salles et d'outils où mener tous types d'activités collaboratives ainsi qu'un atelier de fabrication traditionnelle ou assistée par ordinateur de type FabLab. Mais les activités qui se déroulent au Dôme pré-existent à l'ouverture de ses portes, précédant elles-mêmes son baptême.

Le Dôme a tardé à trouver son nom. Porté par l'association - Relais d'sciences « Centre de Culture Scientifique Technique

Industrielle » (CCSTI) de Normandie, son nom de projet était « Maison de la Recherche et de l'Imagination » (MRI) dont le « I » était régulièrement détourné et renvoyé au terme innovation. Une appellation rapidement chassée pour devenir « Centre de Sciences de Nouvelle Génération », puis « Centre Collaboratif d'Innovation ». Si autant d'appellations se succèdent, c'est que la nature du lieu et de ses activités manque encore de modèles et de références. Aujourd'hui, après quatre années de collaboration sur les programmes de recherche Téthys et Artemis, le titre de **« Tiers-Lieu dédié à la Recherche et l'Innovation Participatives »,** occupe temporairement la place de définition de l'activité du Dôme.

Des auteurs définissent les tiers-lieux comme des espaces où se forge un « sens collectif », la notion tiers-lieu devenant une sorte de mot valise renvoyant à toutes sortes de lieux hybrides, des bibliothèques aux églises, en passant par les institutions médico-sociales (Dubus, 2009) et pourquoi pas un centre de sciences. La diffusion et la médiatisation récente de l'appellation de tiers-lieu s'est faite de concert avec l'apparition croissante du numérique dans l'espace privé et public. Un lieu comme le Dôme, au travers de ses activités Living Lab et FabLab, pourrait même être assimilé à l'incarnation matérielle de cette culture numérique (Besson, 2014).

La revendication de tiers-lieu est enfin d'autant plus légitime que la programmation du Dôme relève des principes communs qui réunissent une grande partie de ces lieux tels que la mutualisation de l'espace, des compétences, les croisements disciplinaires, l'hybridation des lieux et des usages (Michel, 2020). Elle s'enrichit d'une position d'intermédiaire et d'une volonté de partage et d'échanges. Le tiers est médiateur, sa fonction est en quelque sorte de lier les individus malgré ou par leurs antagonismes, d'unifier un ensemble hétérogène dans un récit commun (Antoine Burret, 2017).

On retrouve dans le tiers-lieu la revendication principale du Dôme, celle de médiation, non plus au sens de médiation culturelle ou scientifique, mais au sens de l'animation territoriale à savoir de la création de temps, de lieux et de situations permettant à des personnes et parties prenantes qui n'auraient pas l'occasion de le faire autrement, de se rencontrer, de débattre, d'échanger et de faire ensemble (Jean-Claude Gillet, 1995).

Cette posture d'un public acteur et expérimentateur est historiquement très présente dans la CSTI et constitue un héritage porté depuis longtemps par les acteurs de la pédagogie active et de l'éducation populaire. Dès 2001, Relais d'sciences proposait déjà à des publics des projets autour de la fabrication de robots, de fusées, de cartes d'analyses sonores de leur territoire ou encore de programmes de recherche participative sur les mammifères de Normandie. Mais en s'ouvrant aux outils du design et en bénéficiant d'ateliers comme les FabLabs, les invitations à concevoir ou fabriquer ne sont aujourd'hui plus cantonnées à leurs valeurs pédagogiques : leur révolution majeure réside dans leur capacité à faire de la CSTI avec des projets réels développés sur les territoires.

Les quatre années de collaboration sur le programme de transition énergétique et hydrogène ont permis de dépasser les simples déclarations et aspirations à migrer d'une posture d'éducation populaire à celle d'une innovation populaire. Elles ont éclairé comment l'approche Living Lab apporte des outils et des méthodes riches en réussites et perspectives sans pour autant être à l'abri de dérives et de l'instrumentalisation de la recherche ou de la médiation culturelle.

2. De nouvelles possibilités et de nouvelles responsabilités

Les méthodes choisies par Le Dôme pour mettre en œuvre des démarches participatives gravitent autour de celles du Living Lab (LL). Aujourd'hui, les « laboratoires vivants » ont comme objectif de répondre à des problématiques concrètes dans une variété de domaines allant de l'agriculture à la santé, en passant par l'inclusion, la mobilité, l'environnement et la démocratie participative. Différentes définitions des Living Labs cohabitent et sont d'autant plus flexibles qu'elles sont sujettes à l'interprétation et à l'appropriation (Berthou, 2018). On peut énoncer simplement qu'un Living Lab est une organisation regroupant des acteurs issus de milieux diversifiés, notamment entre la recherche et le marché (chercheurs, industriels, décideurs publics, etc.), dans le but de co-concevoir des produits ou services en accordant aux usagers une place « active » à l'occasion d'ateliers et de rencontres participatives.

La responsabilité n'est pas la même lorsque l'on se revendique centre de culture scientifique ouvert aux familles et au grand public que lorsque l'on se revendique espace de recherche et d'innovation participatives. Les productions Living Lab étant susceptibles de participer à la transformation du quotidien et de s'incarner sur le territoire, chaque promesse faite aux parties prenantes et chaque choix et stratégie de médiation mis en œuvre se retrouvent en tension.

3. Du public aux participants

La participation ne se décrète pas. Il ne suffit pas de proposer un lieu, un temps et une thématique à forts enjeux sociétaux pour que la population se mobilise. Dans l'imaginaire collectif de nombreuses institutions, il suffit de poser un sujet passionnant ou important dans l'orientation de nos modes de vies et de faire en sorte que la communication qui l'accompagne atteigne un public, pour que celui-ci se sente investi d'un devoir de participer, de contribuer. Selon Joelle Zask (2011), participer c'est prendre part, apporter sa part et retirer une part. Il est donc nécessaire d'identifier quelle(s) part(s) les parties prenantes, dont la population, vont pouvoir retirer de leur participation. Les enquêtes menées lors du programme Téthys sont venues confirmer une cartographie des leviers de la participation déjà pressentis au fil des activités et entretiens du Dôme avec ses publics.

Figure 1 : Leviers de la participation

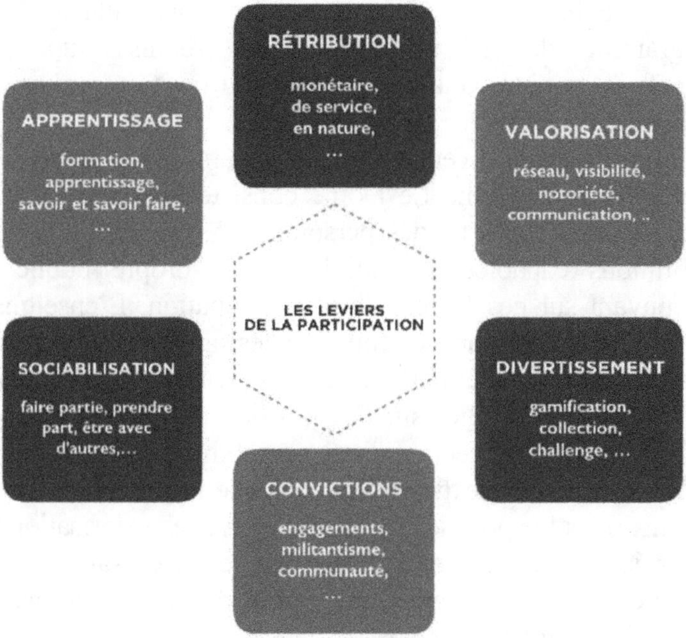

Mais ces leviers ne se suffisent pas à eux même. Le public n'a pas été habitué à participer, encore moins à collaborer activement avec des chercheurs, des techniciens ou des artistes. Et il ne le fait pas de façon homogène, bousculant nos habituelles classifications des publics par âge, sexe, origine sociale ou géographique (Dosseur, 2019). Il existe un public de la culture scientifique. La fréquentation des expositions dans les centres de sciences ou l'audience d'émissions radio et télévisuelles en sont la preuve. Mais il n'existe pas encore de public des recherches et innovations participatives. Si la pratique amateur existe bien dans le domaine des sciences dites classiques telles que la botanique, zoologie, astronomie ou radioamateur au même titre que dans la pratique amateur artistique (Levy-Leblond, 1981), ce n'est pas encore le cas des domaines de recherche contemporaine. Il n'est d'ailleurs pas étonnant que dans le cadre du programme Téthys, ce soit un robot aquatique « Léon le nettoyeur » assimilable à un programme de radiomodélisme, qui réunisse une des premières communautés autonomes d'un programme de recherche participative au Dôme.

Pour élargir la diversité des participants, le principal rôle d'un tiers-lieu comme Le Dôme consiste donc à s'associer avec des prescripteurs, des personnes, des structures ou des institutions capables de mobiliser leur propre public en s'appuyant sur ces leviers de la participation. L'enseignant mobilisera ses étudiants en fonction des savoirs et savoir-faire qu'il pourront acquérir, l'éducation spécialisée et l'insertion inviteront leurs publics sur l'acquisition de compétences ou dans la simple perspective d'une remobilisation au sein d'un collectif, la cellule de dynamisation économique sollicitera ses réseaux dans l'espoir de générer de nouvelles valorisations et synergies… À chaque partie prenante il est nécessaire de faire une promesse impliquant d'orienter et d'aménager la nature même des activités proposées.

On peut y voir apparaître peut-être le risque d'une première manipulation dans un projet, un détournement pour « plaire » aux publics et partenaires. Mais on peut aussi y voir une opportunité de ne pas restreindre chaque initiative à sa simple vocation initiale, de décentrer les porteurs de projets de leur propre ambition et déterminisme pour réellement ouvrir aux parties prenantes la motivation de participer et d'influer, avec leur propres orientations, le déroulé d'un atelier.

4. Informer ou manipuler, inspirer ou orienter ?

Outre le temps d'accueil, le déroulé type d'un atelier Living Lab tel qu'ils ont été élaborés pendant les programmes Téthys et Artemis est le suivant :

- Un temps de contextualisation qui précise les commanditaires, les organisateurs et partenaires, le cadre dans lequel est organisé la rencontre, les objectifs généraux du programme et ceux spécifiques et opérationnels de la session, le livrable auquel aboutir au terme de la rencontre. Ce premier temps peut donner lieu à l'intervention d'experts sur des aspects génériques ou au contraire très spécifiques.
- Un temps d'inspiration qui donne à voir quelques résultats, objets, usages, pistes de réflexion déjà développés sur d'autres territoires, des démarches ayant réussi ou échoué. Ce temps incarne aussi des sujets parfois trop abstraits ou éloignés du quotidien des participants. Ce temps peut lui aussi donner lieu à l'intervention d'experts avec une vision d'ensemble des projets ou au contraire très pointue sur un seul exemple.
- Un temps d'idéation qui permet de s'éloigner du sujet, de faire des associations inattendues, de se perdre, de laisser libre court à toutes les idées.
- Un temps de formalisation qui permet de sélectionner, d'assembler, d'ordonner, de rapprocher et de préciser, de les trier pour les organiser en concepts et scénarios d'usages jusqu'au prototype.
- Un temps de conclusion où les choix, les idées et les scénarios sont exposés aux autres participants.

Comme dans tout protocole, chacune de ces étapes comporte un risque de digression, d'orientation volontaire ou non, voire de manipulation. Si une grande partie peut être levée par le travail préparatoire des personnes en charge de la médiation, le caractère libre des échanges, la personnalité de l'intervention jusqu'à l'actualité peuvent influencer le déroulement et le contenu d'une session.

La nature des intervenants mobilisés, leur objectivité annoncée, l'étendue de leur expertise... sont un autre biais. Le

Dôme étant une structure « neutre », la confiance qui est accordée bénéficie aux intervenants qu'il mobilise. Le travail de médiation est alors primordial pour ne pas conférer d'autorité monolithique à la parole unique et même en binôme de certaines interventions. Ensuite, les démarches participatives existent pour explorer de nouvelles voix, pour sortir des schémas et modes de pensées traditionnelles.

Sauf à ne faire intervenir que des personnes aux pratiques et recherches novatrices, les experts peuvent jouer le rôle de diffuseur d'une pensée standardisée et académique et donc contre-productive à la démarche d'innovation.

Le choix d'exemples inspirants souffre des mêmes travers. Initialement, ces exemples doivent incarner et stimuler la créativité autant qu'éviter de concevoir des solutions déjà existantes. Mais au lieu de susciter l'imagination, ils peuvent tout aussi bien l'enfermer dans des recettes, qui à défaut d'être toutes faites sont déjà incarnées, visualisées et mises en récit. Des effets observés sont l'enfermement de certains participants dans la déclinaison ou l'enrichissement des solutions déjà présentées. Les démarches Living Lab censées participer d'une émancipation du solutionnisme technique peuvent alors jouer le rôle d'outil de l'acceptabilité. Il constitue un écueil important de la démarche à l'heure où les acteurs marchands utilisent les tiers-lieu pour répondre aux critiques émises contre leurs modes de production et de gestion (Landon, 2019).

Enfin le mode de créativité souvent à temporalité et espaces contraints (unité de temps et de lieu de l'atelier), l'injonction à faire, écrire, poser noir sur blanc et concrètement les échanges dans les groupes de participants, comme les outils proposés par les animateurs des sessions, les modes de restitution… sont autant de contraintes qui cadrent et finalement contraignent l'expression des participants sous couvert de liberté créative.

S'ils ne doivent pas empêcher - au contraire - de poursuivre les expérimentations de la démarche Living Lab, ils imposent aux personnes en charge de l'animation et de la médiation une transparence et une préparation des participants aux choix d'organisation qui sont faits. Il invite surtout à ne pas reproduire les mêmes schémas d'animation lors des différents ateliers et à analyser rapidement les biais et travers de chaque session pour les corriger aux sessions suivantes.

5. Un démonstrateur qui sert davantage la démarche que le sujet

Il ne suffit pas de donner accès à l'outil technique et de fabrication, de permettre la documentation et le partage des idées, de fournir la matière première et d'accompagner dans la maîtrise de savoir-faire pour que des collectifs s'emparent de problèmes pour y apporter une réponse, par ailleurs essentiellement technique. Le Dôme dispose d'un fablab et force est de constater qu'aucune communauté autonome ne s'est saisie de cet outil pour engager un projet sans l'initiative ou le soutien d'un enseignant, d'un animateur, du Dôme ou d'une des structures qui l'habite. Et même dans ces conditions d'accompagnement soutenu dans le cadre du programme Téthys, seules neuf personnes, toutes de sexe masculin, demeurent actives - et même autonomes - autour du projet Léon.

Les maquettes et prototypes conceptuels issus du programme et le projet Léon sont une très belle réussite pour un tiers-lieu comme Le Dôme. Ils le sont vraisemblablement moins pour un projet qui questionne les transitions.

Tout d'abord parce qu'à part utiliser une pile à Hydrogène, rien dans le projet « Léon » n'invite à repenser nos modes de production ou de consommation d'énergie. Il incarne une capacité à faire ensemble, à se saisir d'un objet scientifique et technique obscur et abstrait qu'est l'hydrogène, mais il ne porte pas d'enjeux de transition intrinsèques. Voire il conforte le modèle existant : en apportant une solution à la récupération des déchets flottants dans le port de Caen, il encourage l'idée que nous pouvons continuer à consommer et à polluer puisque même des amateurs peuvent imaginer et apporter des solutions techniques. Léon porte en lui les germes du technicisme ou solutionnisme technique.

Léon a été présenté au sein d'une exposition regroupant des panneaux d'interprétation des enjeux scientifiques et techniques liés à l'hydrogène, une cartographie des initiatives sur le territoire français, un bloc hydrogène composé d'un hydrolyseur et d'une pile à combustible et une information présentant la démarche participative globale. Cet ensemble constitue un démonstrateur de l'hydrogène et plusieurs temps ont permis de le présenter à des publics malgré le confinement de l'année 2020.

Figure 2 : Léon au sein de l'exposition constituant un démonstrateur de l'hydrogène

Cette installation n'a pas permis de répondre par la positive à la question initiale qui était de savoir si un tel démonstrateur à hydrogène participe à créer un public de l'hydrogène, s'il amène ses publics à se saisir des enjeux de transition pour venir imaginer et prototyper par eux-même, si la capacité à faire et agir qu'il incarne, si le récit qui l'accompagne engage des publics à venir participer activement à la transition énergétique. Aucune des personnes qui ont découvert le démonstrateur n'ont par la suite participé à des ateliers des programmes Téthys et Artémis.

D'une quinzaine d'entretiens dirigés réalisés auprès de découvreur·se·s du démonstrateur, ayant bénéficié de la visite de l'exposition et d'une présentation des prototypes, nous retenons néanmoins quatre informations :

- La majorité se déclare mieux informée, notamment pour participer à un débat sur le sujet de la place de l'hydrogène dans la transition énergétique.
- Si certaines de ces personnes se déclarent prêtes à participer, ce n'est pas pour utiliser les machines du fablab et fabriquer des solutions, mais pour participer ponctuellement et de temps en temps à la recherche d'informations.
- Au côté de l'acquisition de connaissances sur l'hydrogène et sa place dans la transition, c'est surtout la dimension participative du projet et du tiers-lieu Le Dôme qui marque les esprits, c'est davantage la démarche que le sujet qui constitue une évolution dans les représentations.
- Les questions qui demeurent au terme de la visite relèvent essentiellement de la technique et des sciences de l'ingénieur.

En l'état, ce démonstrateur incarne la capacité d'un collectif à faire et fabriquer, sans pour autant améliorer l'engagement et la participation d'un plus large public, voire en la réduisant à un challenge technique. Ce démonstrateur tel qu'il a été réalisé, progressivement enrichi et présenté au public de 2019 à 2021, s'il n'est pas démontré qu'il participe d'une fabrique des publics de l'hydrogène et de la transition, peut néanmoins revendiquer le rôle d'objet d'intermédiation de l'hydrogène, mais aussi des méthodes participatives.

L'incongruité des objets fabriqués, l'originalité de la démarche et de sa présentation, son caractère accessible et peut être exceptionnel, complètent la mise en récit entamée avec la documentation et la mise en forme des scénarios d'usages imaginés au début du programme. En effet, les ateliers créatifs font l'objet de restitutions et de synthèses graphiques, mises en page, enrichies d'images facilitant leur compréhension et leur appropriation par un public néophyte. Ces choix de mise en page, ces constructions narratives qui entourent la présentation de prototypes sont autant de choix et d'orientations faites par Le Dôme. Ils constituent les supports de la publicisation non neutre du sujet comme de sa démarche.

Cette scénarisation de l'action, la tentation de créer des récits positifs, de sélectionner des objets totem symboliques et attractifs pour les publics comme pour les médias, sont autant d'outils nécessaires pour faire comprendre la démarche et son potentiel. Ils constituent également des manipulations qui donnent des orientations essentielles au déroulement du projet, mais auxquelles ne sont pas encore invités les publics.

Les projets qui sont menés au Dôme se revendiquent d'une démarche. Et si elle n'est pas vécu, une démarche s'incarne difficilement. Les équipes de recherche présentent dans le projet pourront en témoigner, il aura fallu le temps de l'action et de l'expérimentation Living Lab pour comprendre intimement en quoi elle consiste. Le démonstrateur en est une synthèse, il incarne la démarche. À défaut de créer un public de l'hydrogène ou de la transition énergétique, il constitue un objet d'intermédiation des pratiques de recherche/action et des alternatives qui existent dans la création et le déploiement de solutions scientifiques et techniques en réponse aux enjeux de société. Mais il n'est pas neutre : il est le fruit de choix et de décisions censés faciliter l'adhésion du plus grand nombre.

6. Faire médiation, c'est être partie prenante

Après avoir été acteur d'une diffusion de la culture scientifique, Le Dôme se saisit d'une vocation de diffusion de la culture de la recherche et de l'innovation participative. Chaque étape d'un protocole de recherche est un obstacle. Par sa participation au programme de recherche, l'équipe du Dôme a pu enrichir sa connaissance, mieux identifier et comprendre les choix qu'il faisait ou ceux qu'il oriente. Ce constat ne doit pas être un frein, mais plutôt le témoignage qu'il existe des structures et des méthodes qui ont atteint une maturité suffisante pour accompagner la société dans des méthodes participatives, pour que la recherche et l'innovation puissent revendiquer un caractère populaire.

Bibliographie

Dubus Pierre, 2009, « Réflexion sur les tiers-lieux. Signification et effets dans les institutions médico-sociales », *VST – Vie sociale et traitements*, Volume 3, n° 103, p. 18-24.

Raphael BESSON, 2014, « Tiers Lieux et fabrique des villes contemporaires », *Échosciences Grenoble*, http://www.echosciences-grenoble.fr/actualites/tiers-lieux-et-fabrique-des-villes- contemporaines, mis en ligne le 17 mars 2014, consulté le 19 avril 2014

Antoine Burret, « Etude de la configuration en Tiers-Lieu : la repolitisation par le service », *Sociologie*, Université de Lyon, 2017. Français. NNT : 2017LYSE2001. tel-01587759

Jean-Pierre GILLET, *Animation et animateurs – Le sens de l'action*, L'Harmattan - 1995

Aurélie Landon, *Le tiers-lieu à l'épreuve de son succès*, 2019.

Levy Leblond, *L'esprit de Sel*, Fayard, 1981
Basile Michel, Les tiers-lieux culturels : contexte, principes communs et raisons d'être des lieux intermédiaires et hybrides de l'art et de la culture. Tiers-lieux culturels en débat. Tiers-lieux culturels, démarches artistiques et territoires, Nov 2020, Cergy, France.

Chapitre VI
Recherche participative, collaborative et Recherche-Action : redéfinir la pertinence sociale de la recherche pour Une nouvelle alliance sciences-sociétés.

Alain Kaufmann - directeur du ColLaboratoire de l'Université de Lausanne et membre du Conseil d'administration de l'Alliance Sciences-Sociétés

Le projet de cette intervention est de vous parler des formes de recherche émergentes : recherche-action, recherche participative et recherche collaborative, que je développe avec mes collègues à l'université de Lausanne dans une unité qui s'appelle Le ColLaboratoire, rattachée à la présidence de l'Université, ce qui me semble être un prérequis important pour avoir un véritable impact sur l'écosystème académique au-delà des disciplines particulières.

Je suis biologiste et sociologue de formation et je collabore aussi avec un *fablab* à Lausanne, notamment sur des projets de métrologie citoyenne de la qualité de l'air ; je suis également membre du Conseil d'administration et du Bureau de l'Alliance Sciences-Sociétés (ALLISS) coordonné à Paris. Je développerai quelques enjeux stratégiques, après vous avoir présenté un certain nombre d'exemples très concrets qui me permettront d'aborder les degrés de la participation et les débats en cours aujourd'hui en France pour démocratiser le rapport aux sciences et aux techniques.

1. Des savoirs et des technologies controversés et de nouvelles alliances entre sciences et société

Le premier exemple de situation dans laquelle les questions de participation et d'acceptabilité sociale que je souhaite évoquer concerne le stockage des déchets nucléaires. Que l'on soit partisan ou adversaire de l'énergie nucléaire, il faut faire quelque chose de ces déchets. La doctrine dominante pour les déchets à haute activité est l'enfouissement entre 500 et 700 mètres de profondeur dans des couches géologiques imperméables. Cette démarche implique des processus de consultation, de débats, des controverses et des conflits, qui mobilisent les populations concernées pour identifier les sites de stockage compatibles avec les contraintes géologiques. On délègue donc à la géologie ce que les sociétés humaines ne peuvent assurer en termes de stabilité.

Par exemple, en Suisse, la zone qui a été choisie à ce jour se situe dans le canton de Zürich. En France, le site de Bure, dans la Meuse, qui héberge aussi un important laboratoire de recherche de l'ANDRA, est l'objet de nombreuses oppositions de la part de riverains et d'activistes.

Copyright Citizen's Radioactivity Measuring Station

Vous voyez ici un laboratoire citoyen que j'ai photographié en 2012 à Fukushima, qui vient se substituer au déficit de l'État japonais en matière de mesure des irradiations subies par les personnes exposées aux retombées de l'accident de 2011. Une cinquantaine de ces laboratoires qui ont été installés au Japon avec l'aide de la l'ACRO est la CRIIRAD à l'époque, montrent bien l'importance de développer des savoirs métrologiques citoyens dans les situations qui concernent les risques pour la santé et l'environnement. Dans le cadre du Conseil scientifique de l'ANSES dont je suis membre, nous avons souvent l'occasion de discuter de la possibilité de l'interface des démarches et des méthodologies d'évaluation des risques classiques avec des approches de métrologie citoyenne pour toute une série de dossiers : pollutions chimiques, qualité de l'air, impact du changement climatique sur la biodiversité, etc.

Le cas des OGM est intéressant parce que c'est un exemple d'échec majeur en terme de démocratisation des choix scientifiques et techniques, aboutissant à « un carrefour des refus », comme cela a été formulé par certains collègues, y compris en Suisse. Je me place ici dans la position des milieux scientifiques, des institutions académiques que j'interpelle quant à la posture qu'ils adoptent sur ces questions puisque pour moi c'est une question vitale pour la durabilité de nos institutions de recherche qu'elles soient capable de développer un nouveau contrat social avec les acteurs concernés par ces technologies fortement controversées : agriculteurs, semenciers, consommateurs, ONG, etc. On a eu tout de même quelques initiatives extrêmement intéressantes comme celle de l'INRAE autour de la vigne transgénique. Il y a eu un processus de co-construction impliquant à la fois des viticulteurs, des citoyens et des chercheurs de l'INRAE en biologie et en sciences sociales ; il s'agissait de contribuer à la définition de la politique de transgénèse végétale de l'INRAE. Il y a eu très peu d'institutions suffisamment courageuses pour mettre en place de tels dispositifs sur des technologies fortement controversées. C'est le cas de

Grenoble dans lequel j'ai aussi été impliqué avec notamment Michel Callon et Pierre-Benoît Joly. Nous avons été interpellés par l'agglomération grenobloise pour faire une enquête-intervention sur l'état des rapports de force et sur l'installation du centre de micro-nanotechnologies Minatec à Grenoble, qui a été fortement perturbée par le groupe d'activistes « Pièces et main d'œuvre » (PMO).

Nous avons rendu un rapport à l'agglomération de Grenoble, que vous trouverez en ligne, qui recommande un certain nombre de dispositifs pour favoriser le dialogue entre les acteurs industriels, scientifiques et la population. Ce rapport contenait notamment la recommandation d'une conférence de citoyens et la mise à disposition de fonds de recherche pour les associations de la société civile. Il s'agissait de produire des connaissances nécessaires pour que la population concernée puisse mieux s'orienter sur les choix faits sur la région de Grenoble. On constate malheureusement que, finalement, les processus délibératifs et participatifs ne bénéficient en général d'aucun engagement et d'aucun suivi de la part des autorités, ce qui contribue à disqualifier ces processus.

La question des antennes-relais de téléphonie mobile et en particulier de la 5G est extrêmement intéressante. Il s'agit en fait de nombreuses gammes de fréquences, de nombreux usages impliquant différents effets de ces ondes sur les organismes vivants. Il y a un excellent article de Dominique Boullier qui a été publié récemment sur la 5G dans le média électronique *AOC*. Je vous le recommande parce qu'il montre bien que ce qui empêche finalement d'avoir un débat démocratique et informé sur la 5 G c'est bien sûr le défaut de culture technique commune et le manque d'exploration collective des « mondes » construits par la 5 G, ou « milieux associés » comme dirait le philosophe des techniques Gilbert Simondon. On a surtout à faire à une inflation de promesses qui, pour la plupart, ne sont pas tenues aujourd'hui et dont certaines ne le seront jamais.

Pour aller sur des exemples dans le domaine biomédical, on a un certain nombre de groupes concernés qui ont joué un rôle primordial dans la redéfinition des rapports de pouvoir entre la sphère biomédicale et les malades. On a vu émerger ces transformations notamment avec le sida et des associations comme Act-Up, dont les actions militantes ont pu par exemple aboutir dans cette situation d'urgence épidémique à la modification de la manière de conduire des essais cliniques pour aller plus rapidement vers des traitements. Je mentionnerai aussi le laboratoire Généthon financé au début des années 90 par l'Association française contre les myopathies (AFM), qui a produit grâce aux fonds du Téléthon, les premières cartes performantes du génome humain pour combattre les maladies rare. Il en est aussi résulté la création d'un biopôle d'envergure européenne à Evry qui était une banlieue moche et inhospitalière, et qui grâce à l'investissement dans la cartographie du génome humain par des patients et des chercheurs de haut niveau, a complètement été transformée à la fin des années 90.

2. Des mouvements sociaux au tournant participatif

Alors pourquoi est-ce qu'on s'intéresse aujourd'hui de plus en plus à la RACP, à la recherche action, collaborative et participative ?

Si on examine la genèse historique de ces approches alternatives de la recherche, on doit mentionner tout d'abord la remise en cause du scientisme et du positivisme en particulier à partir des années 70 et de la disjonction entre progrès scientifique et justice sociale. Cela correspond également à l'émergence de ce que les sciences sociales nomment une « société du risque », reprenant ainsi le titre du célèbre ouvrage du sociologue Ulrich Beck dont la première édition en allemand date de 1986, année de la catastrophe nucléaire de Tchernobyl. On doit cependant être conscients, comme l'ont bien montré nos amis historiens, Jean-Baptiste Fressoz notamment dans son *Apocalypse Joyeuse,* que la conscience des « dégâts du progrès » et la fameuse réflexivité chère à Beck remontent bien avant l'explosion des bombes atomiques à Hiroshima et Nagasaki. À la fin du XVIIIe et au début du XIXe siècle, on peut déjà identifier des auteurs alertant sur les méfaits de l'industrialisation et la menace qu'elle fait peser sur l'homme et la nature.

Les mouvements féministes, les luttes antiracistes, les luttes post-coloniales qui mobilisent les « subalternes », vont également accompagner ces réflexions sur les modalités de production des savoirs. On assiste aussi à une crise de la démocratie représentative et à la montée d'un impératif délibératif et participatif avec la montée en puissance d'un paradigme de la « gouvernance » qui a émergé dans les années 90 au sein de la Commission Européenne.

On observe en outre une prolifération de crises et de controverses dans le domaine de l'évaluation et de la gestion et des risques autour des pesticides, des OGM, du sang contaminé, de l'encéphalopathie spongiforme bovine, les rayonnements électromagnétiques, des nanotechnologies, etc. On a ainsi une traînée de controverses qui s'ajoutent les unes aux autres et qui vont obliger les pouvoir publics à repenser les modalités de l'expertise afin de restaurer sa crédibilité. Les agences publiques chargées de l'évaluation des risques vont donc se retrouver dans une situation extrêmement difficiles car les standards de la science réglementaire correspondent de moins en moins à la manière dont l'opinion publique et de nombreuses ONG conçoivent de rôle de l'Etat et sa mission de protection des populations. On peut notamment observer ce mouvement dans le cadre de la transition écologique puisque le rôle des agences devrait être, de nos jours, non seulement d'évaluer la toxicité des substances comme les pesticides, mais aussi d'évaluer les alternatives technologiques pour le remplacement d'un certain nombre de substances.

Toutes ces transformations s'accompagnent de la montée en puissance d'un « Tiers-secteur de la recherche », ou TSR, dont la mise en visibilité en France est portée notamment par l'Alliance

Sciences-Sociétés, sur laquelle j'aurai l'occasion de revenir plus tard.

Dans cette dynamique se modifient les lignes de partage entre monde de la recherche et société civile, aboutissant à des controverses autour de la posture des chercheurs, entre neutralité scientifique et engagement. Les mouvements sociaux autour du changement climatique, qui découlent largement des versions successives des travaux du GIEC, entraînent dans leur sillage de plus en plus de chercheurs et chercheuses, dont certains s'inscrivent dans des formes de désobéissance civile. Ce qui bien entendu génère des controverses au sein d'une communauté qui se veut encore largement basée sur la neutralité axiologique des savoirs.

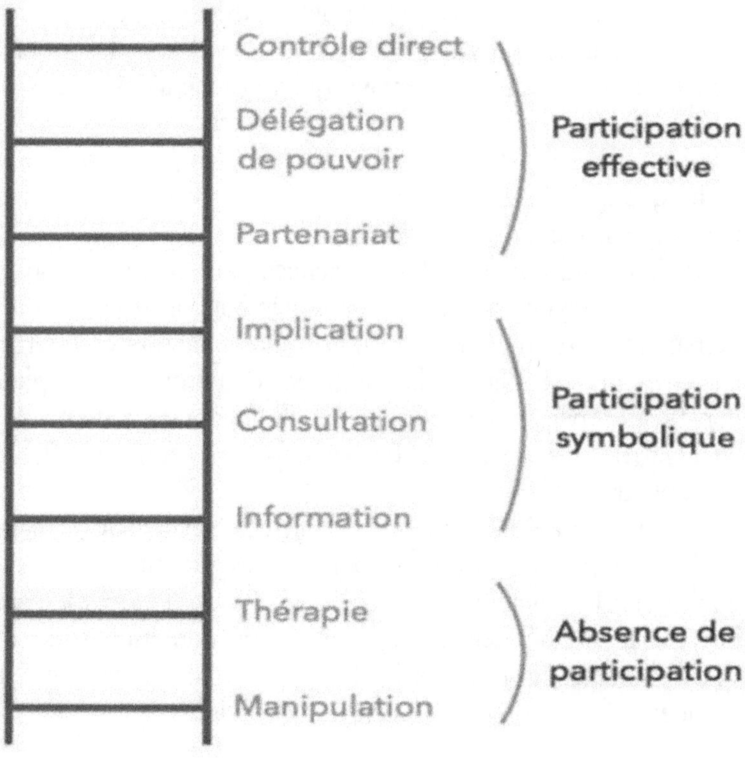

Lorsque l'on parle de participation, que ce soit dans le domaine de la recherche ou de diverses politiques publiques, il faut toujours rester vigilant et critique sur ce que l'on entend par ce concept qui a tendance à devenir une véritable tarte à la crème. Voici une ancienne taxonomie produite par Sherry Arnstein à la fin des années 60 et qui constitue une bonne référence pour interroger les vertus et les limites d'une démarche particulière.

Les formes de participation classique, nous les rencontrons par exemple dans la conférence mondiale des citoyens sur le changement climatique qui a eu lieu en 2009, à la veille de la rencontre de Copenhague. C'est un exemple intéressant parce qu'elle a été conduite simultanément dans 38 pays. Avec mon équipe, nous avons organisé le volet suisse de ce processus coordonné par le Danish Board of Technology, inventeur de la conférence de consensus à la fin des années 80. Nous devions travailler dans les trois langues nationales et avions des groupes de 100 citoyens dans chaque pays, qui débattaient des enjeux qui étaient soumis aux négociateurs de chaque pays. Les résultats de ces délibérations étaient entrés et visibles en temps réel sur un site web ; quelque chose de très spectaculaire de voir se dessiner en temps réel la carte du monde !

Pour ce qui concerne les « sciences participatives » ou les « sciences citoyennes », elles sont largement construites sur une démarche de *crowdsourcing* utilisant des plateformes internet. Le domaine de l'étude la biodiversité animale et végétale constitue un part très importante du contingent de participants à ce genre de travaux, avec des plateforme comme GBIF par exemple ou Tela Botanica.

Voici avec Foldit un autre exemple célèbre dans le domaine de la conformation tridimensionnelle des protéines, qui rend compte de leur activité biologique spécifique. Les participants doivent ici manipuler les représentations numériques de ces macromolécules sur leur ordinateur, ce qui ne peut pas se faire uniquement avec du calcul intensif automatisé.

Copyright Fold It Beta

Ce genre de plateforme est parfois associé à des segments de jeux vidéo qui sont évidemment un outil extrêmement intéressant pour ce qui nous occupe aujourd'hui, puisque finalement on veut produire de l'interactivité, de la participation et de l'intelligence collective dans des environnements complexes. Il y a un savoir très important des concepteurs de jeux vidéo qui peut être mobilisé.

Copyright Institut écocitoyen

Voici un exemple encore différent avec l'Institut écocitoyen qui est situé à Fos-sur-Mer dans une zone fortement impactée par les nuisances industrielles. Il constitue une sorte de hub, une interface précieuse entre les acteurs politiques, scientifiques et la population pour mesurer la qualité du sol, de l'air et de l'eau. Une centaine de personnes volontaires-pêcheurs et mycologues amateurs, promeneurs, réalisent des prélèvements qui sont rapportés à l'institut, conditionnés et analysés par des labos de recherche. C'est un des exemples les plus innovants en matière de mobilisation et de coopération des acteurs concernés par la qualité physique et esthétique de l'environnement. C'est un « tiers-lieu » qui donne la possibilité à ces trois types d'acteurs de créer un espace hybride dans lequel ils vont pouvoir agir de concert pour améliorer la qualité de vie d'un territoire sous tension écologique.

Autre exemple : avec le laboratoire public de sciences de la vie que j'ai créé à l'université de Lausanne en 2005, nommé L'éprouvette, nous travaillons depuis un an et demi sur une définition partagée de ce qu'est la « santé personnalisée » ou « médecine personnalisée », une approche au départ à forte dominante génomique et bioinformatique, avec un groupe d'une trentaine de citoyens. Ceci a abouti à des résultats très intéressants. L'immersion des participants débute en passant notamment par des analyses simples que ces personnes réalisent sur leur propre génome, jusqu'à leur participation au sein de groupes d'experts, pour définir par exemple quelles devraient être les composantes et l'ergonomie du dossier électronique du patient, en cours d'introduction en Suisse.

Les tiers-lieux comme les *fablabs*, les *hacker spaces* et autre *maker space* constituent un grand potentiel de démocratisation des savoirs et des pratiques dans les domaines de la biologie, de l'informatique, de l'électronique et de la fabrication notamment. Il faut toutefois réaliser que ces lieux sont très souvent fréquentés essentiellement par des bac + 5. Il y a un gros enjeu à interfacer les tiers-lieux avec nos universités pour que nos étudiants et chercheurs puissent mettre à disposition de la population leurs savoirs-faire dans des espaces de collaboration horizontaux, dépourvus de hiérarchie cognitive et organisationnelle.

Avant de passer à des éléments un peu plus stratégiques, soulignons que ces nouvelles formes de recherche plus inclusives concernent également les sciences humaines et sociales. Un exemple important concerne les activités de l'ONG ATD Quart Monde qui développe depuis de nombreuses années des protocoles de recherche extrêmement exigeants pour intégrer les personnes en situation de grande pauvreté. C'est un enjeu extrêmement important et si on veut produire des connaissances sur ces mécanismes d'exclusion qui ne se limitent pas à des expertises hors-sol produites par des économistes professionnels et d'autres experts des sciences sociales.

Si nous voulons, pour résumer, schématiser les différentes variantes de la participation, nous pouvons les classer selon des degrés croissants d'inclusion des citoyens, usagers ou parties prenantes. On part d'un modèle minimaliste qui met l'accent sur la communication et la diffusion des connaissances, qu'on appelle *outreach*, en passant par des modèles de consultation comme les conférences de citoyens et les *focus groups* utilisés par exemple dans le cadre des approches de *technology assessment* participatif, qui sont des modèles basés sur la complémentarité des expertises et le dialogue bilatéral. Ensuite, il y a des modèles de *crowdsourcing*, de sciences citoyennes, de science participative, dont les protocoles sont définis à 90 % par les chercheurs professionnels, jusqu'à des formes de recherche-action, de co-production des savoirs et de recherche coopérative dans lesquels les hiérarchies cognitives et sociales s'effacent. Il est d'ailleurs intéressant de distinguer recherche collaborative et coopérative parce qu'on peut très bien collaborer avec des gens qu'on déteste pendant un moment, mais on ne peut pas coopérer avec les gens qu'on déteste !

3. Une feuille de route pour les universités et le Tiers-Secteur de la recherche

J'en viens maintenant à l'Alliance Sciences-Sociétés, à sa raison d'être et ses activités. Nous devons faire tout d'abord le constat qu'une somme d'actions, de collaborations et de projets comme ceux qui se développent sur le territoire caennais ou en France plus généralement, ne font pas une politique scientifique et que les acteurs non industriels et non étatiques qui produisent des connaissances - ce que nous avons appelé le Tiers-Secteur de la recherche - sont orphelins de véritables politiques publiques et de politiques d'innovation à la hauteur des enjeux que nous devons affronter. Afin de produire un monde soutenable et équitable ALLISS œuvre pour la mise en place de politiques financement, de formation et de capitalisation des connaissances partagées. Ce sont des chantiers très lourds qui visent à doter les acteurs du tiers-secteur de la recherche des mêmes avantages comparatifs que les acteurs industriels et étatiques.

Pour cela ALLISS développe plusieurs axes et groupes de travail. Celui qui se nomme « Intermédiation recherche-société » cherche à financer à l'aide des Fongep des postes de répondants au sein des ONG et des associations, afin d'assurer une interface avec des partenaires de recherche. ALLISS développe également un réseau international qui comprend l'Afrique, l'Amérique latine, l'Italie, l'Allemagne, la Suisse, le Canada et les USA. Un forum national du Tiers-Secteur de la Recherche s'est réuni à Rennes en 2020 avec 800 personnes en ligne, en raison du confinement. Un pôle de référence des tiers-lieux de recherche doit être installé en région parisienne afin de soutenir leur coordination et leur développement dans le pays. Un autre axe s'attelle à la mise en place d'un dispositif de financement mutualiste à la hauteur des ambitions de notre réseau. Enfin, un observatoire du Tiers-Secteur de la recherche est en cours de construction afin de capitaliser sur les acquis et produire des indicateurs objectifs sur l'impact de cette dynamique d'innovation collaborative.

Pour les universités et les centres de recherche, les obstacles sont nombreux sur l'intégration du Tiers-Secteur de la recherche. Les institutions de recherche et les tutelles, y compris au sein des ministères et des agences de financement de la recherche, ne sont pas au niveau par rapport aux enjeux actuels. On a un très fort décalage entre les dynamiques territoriales d'innovation, l'engagement des associations, des maires, des communes et d'un certain nombre de chercheurs, et la manière dont les institutions académiques voient ces développements. Premièrement, les modalités d'évaluation de la recherche et les temporalités ne sont pas du tout adaptées. Les critères d'excellence académique liés au « facteur d'impact » ne sont pas a priori corrélés au critère de « pertinence sociale » et du véritable impact social des recherches. Il faut donc imaginer une nouvelle typologie et une nouvelle métrologie des impacts. Il ne s'agit bien entendu pas de transformer toute la recherche fondamentale en recherche à impact social direct, mais de diversifier les finalités et méthodologies de recherche afin que la RACP puisse se développer dans le cadre de véritables politiques publiques qui permettent une montée en compétence simultanée des professionnels de la recherche et du Tiers-Secteur.

Il faut aussi trouver des sources de financement adéquates pour ces formes de recherche émergentes qui sont aujourd'hui pratiquement inexistantes. Les modalités de l'appel d'offre compétitif n'est d'ailleurs pas forcément adaptée à la construction de ces processus de co-production puisque, nous autres chercheurs, sommes très bien équipés pour cracher des lignes et produire des projets au kilomètre, mais ce n'est pas le cas des acteurs sociaux qui sont nos partenaires. La demande sociale de recherche doit être co-construite. Co-construire la recherche avec des observatoires de la demande sociale, ça prend du temps. Donc il faut des capteurs de la demande sociale. Le Dôme ici à Caen en est un. On peut penser aux maisons de quartier, aux associations sportives, etc. Il faut aussi mettre en place des formations spécifiques pour les chercheurs, car beaucoup d'entre-eux ressentent un besoin de transformer leurs pratiques, mais ne savent pas comment le faire. Il faut combattre le principe d'auto-sélection des personnes et des groupes participants. On a des groupes qui s'estiment toujours non légitimes pour participer à ces actions et d'autres qui seront exclus par ces processus.

Il y a bien sûr toute une série de malentendus sur les dispositifs de recherche inclusifs et leurs finalités, une grande polysémie du lexique sur ce qu'on entend par recherche action ou recherche participative par exemple. C'est la raison pour laquelle j'ai utilisé l'acronyme peu élégant de RACP pour être aussi large que possible. Au niveau international la terminologie employée est très variable en fonction des pays : extension universitaire en Amérique Latine, recherche partenariale au Québec, services à la communauté aux USA ou en Afrique, recherche participative ou sciences citoyennes en France, etc. Ce lexique doit toujours être examiné avec soin et esprit critique pour ne pas qu'il y ait de malentendu sur le degré d'inclusion des partenaires non universitaires dans les projets.

Je terminerai ce trop rapide tour d'horizon en disant que le développement de ces nouvelles modalités de recherche et la montée en puissance du Tiers-Secteur est un enjeu majeur de durabilité pour nos universités, pour les transitions écologiques et sociales qui nous attendent ; ce n'est pas juste un « pour cent culturel et éthique » concédé aux acteurs sociaux, mais une nécessité qui peut contribuer à poser les bases d'un nouveau contrat social entre les acteurs de la recherche et leurs partenaires du Tiers-Secteur.

Chapitre VII
LÉON, UN DRONE À HYDROGÈNE CONÇU ET FABRIQUÉ PAR LES PUBLICS

Pauline Ducoulombier - Coordinatrice de la programmation culturelle - Le Dôme

La partie Living Lab du programme Tethys est constituée de 3 phases.

La première phase de co-problématisation consistait à faire le point avec les publics sur leur perception, leurs questions, leurs inquiétudes autour de l'hydrogène.

La seconde était une phase de co-création où Le Dôme a proposé une série d'ateliers créatifs pour échanger, imaginer et concevoir, avec les publics, des idées autour de différents thèmes en lien avec l'hydrogène et la transition énergétique.

Différentes thématiques ont été traitées dans ces ateliers : la mobilité, l'habitat, la ruralité ou encore l'agriculture. C'est étrangement dans un atelier sur la thématique de l'agriculture qu'un scénario autour d'un bateau à hydrogène est apparu.

Copyright Le Dôme

Cet atelier était principalement à destination des agriculteurs et du monde rural. Un participant s'est inscrit, car il s'intéressait à l'hydrogène principalement pour développer un projet pour son bateau personnel.

Alors que les participants ont imaginé en groupe des scénarios proposant des solutions pour la transition énergétique dans le monde agricole, il a, de son côté, développé un scénario développant son projet individuel. C'est après l'atelier, en triant les scénarios que nous l'avons découvert.

En janvier 2019, nous sommes passés à la troisième phase du Living Lab : le Co-prototypage. Lors de ce premier rendez-vous des Mercredis de l'Hydrogène, les participants ont pu prendre connaissance des 30 scénarios d'usages imaginés dans les ateliers de 2018. Ils ont alors choisi les projets sur lesquels ils souhaitaient travailler durant la suite du programme. Quatre projets ont été retenus par les publics, des groupes se sont alors formés pour commencer à préciser les idées et définir ce qui pourrait être prototypé.

C’est ainsi qu’un groupe de trois hommes a choisi de travailler sur cette idée de bateau autonome en énergie et nettoyant les déchets sur son passage, qu’ils appelleront en fin de séance « Léon, le nettoyeur » (en référence au film de Luc Besson) pour sa fonction de nettoyage du port.

Dessiner un visuel

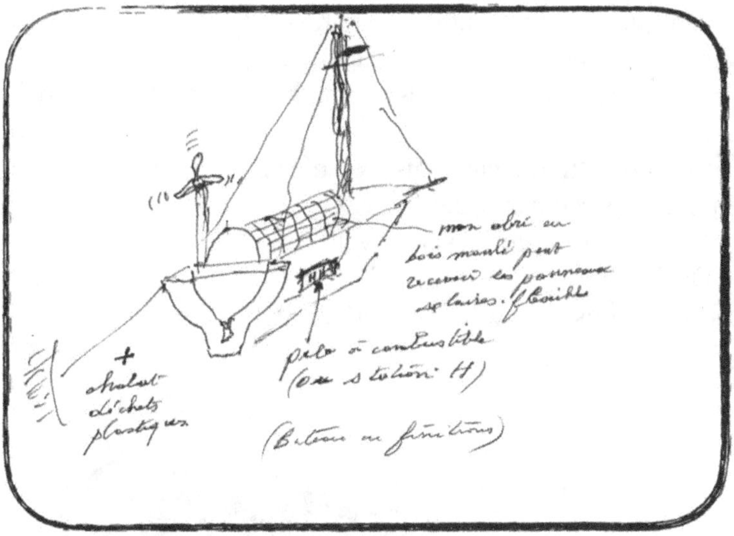

Copyright Le Dôme

Ce groupe était constitué du retraité qui avait imaginé le projet initialement. Il était revenu avec cette idée de réellement développer son propre projet de bateau à travers ces ateliers. Un consultant, qui lui avait un projet sur le territoire de navette fluviale propulsée à l’hydrogène. Et un étudiant en Mécatronique, qui participait à l’atelier dans le but d’apprendre à mettre en place ce type d’atelier afin d’en animer un quelques mois plus tard dans le cadre d’un partenariat entre le Dôme et son école d’ingénieur. C’était donc initialement un participant « contraint » de participer, qui ne devait donc qu’être de passage le temps de la préparation de son atelier dans le cadre universitaire. Or, deux ans plus tard, il participe encore aux ateliers de prototypage de Léon avec une centaine d'heures à son actif.

À la question : « Qu'est-ce que ces ateliers vous apportent/Qu'est-ce que vous venez y chercher ? » voici ce qu'il répond :

« Comme je fais des études en mécatronique, ça me permet de m'entraîner, ça me permet de voir l'avancée d'un projet et de voir que ça peut aboutir. C'est un vrai projet. Et puis on peut voir qu'en dehors de nous, ingénieurs, il y a pas mal de personnes qui travaillent aussi, ça permet de voir un autre point de vue de la société. »

Ce projet initié par trois personnes le 30 janvier 2019, réunira 33 participants, deux classes de lycéens durant 170 h de prototypage. Les profils sont divers :

Designers, Électro-mécaniciens, Ouvriers, Chef de projets, Informaticiens,… Exclusivement des hommes.

Copyright Arnaud Duthilleul

Durant les ateliers des mercredis de l'hydrogène, à raison d'un rendez-vous par mois, les participants ont développé leur idée, étudié la faisabilité du projet et identifié le système qui permettrait d'alimenter Léon à l'hydrogène. À partir de juin 2019, le groupe a demandé à pouvoir se retrouver toutes les semaines pour pouvoir avancer plus vite.

À la rentrée culturelle de septembre 2019, les flotteurs ont été fabriqués par les lycéens de la section composite du Lycée

Jules Verne de Mondeville avec des participants du Turfu Festival dont l'entreprise Grand Largue Composites, spécialisée dans les coques de bateau. En parallèle, une classe en sciences et technologies de l'industrie du Lycée Julliot de La Morandière de Granville, a travaillé sur une première version du tapis roulant.

Le groupe Léon a continué à travailler sur la propulsion à l'occasion d'un atelier toutes les deux semaines. Ils ont pu avancer sur la partie télécommandée, la propulsion, la mécanique, l'électronique et sur la problématique du système à hydrogène. Mais à l'arrivée du printemps 2020, ils nous ont demandé de repasser à un atelier par semaine. Ce qui aurait dû être mis en place, mais a été stoppé par le confinement.

Depuis la rentrée de septembre 2020, le groupe Léon travaille en autonomie sur la construction du prototype. Le syndicat Ports de Normandie apporte de l'aide sur la fabrication de pièces métalliques. À nouveau stoppés par le confinement en octobre, ils ont repris en janvier les travaux, permettant une première mise à l'eau en février 2021.

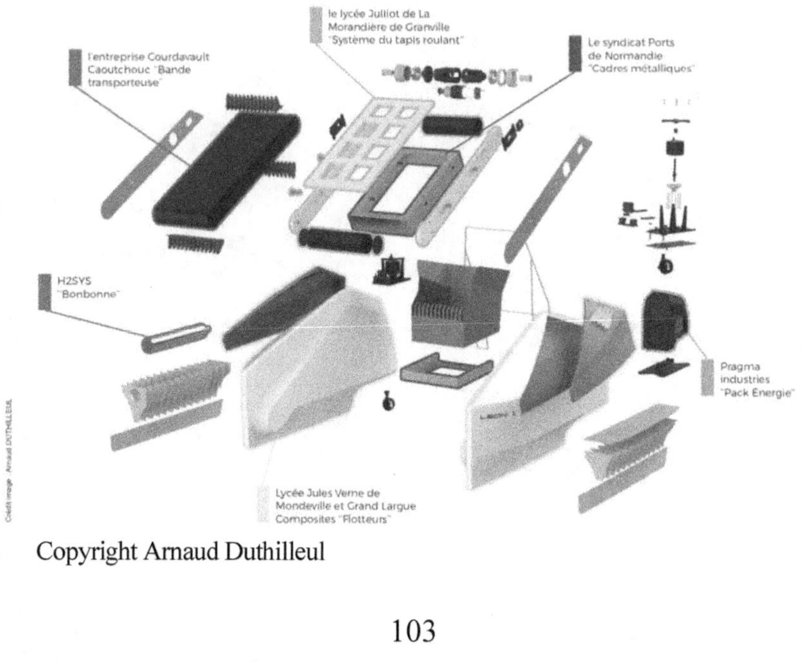

Copyright Arnaud Duthilleul

Aujourd'hui les motivations de la participation, de l'engagement et de la mobilisation de ces personnes sont multiples. La reconnaissance de cet engagement est la part que l'on retire d'une participation. L'usage, la formation et l'acquisition de compétences, l'incarnation de ses convictions peuvent participer de cette reconnaissance. Des *open badges* ont également été déployés sur le programme. Ces images qui contiennent des métadonnées propres à chaque personne, dont elle a la propriété et la maîtrise, incarne cette reconnaissance. L'expérimentation reste partielle, mais l'*open badge* constitue aussi un outil de revendication et d'incarnation de la participation.

Partie II
Transition : mot valise, rêve éveillé ou opportunité ?

Chapitre I
Qui a peur de l'hydrogène ?
Vers une analyse sociétale d'une technologie émergente

Frédérick Lemarchand - sociologue, Codirecteur du Centre de Recherche sur les Risques et les Vulnérabilités

> « Aussi bien l'ouvrier et l'ingénieur qui fabriquent le ciment, les pesticides ou les réacteurs nucléaires sont-ils bien davantage que des fabricants de ciment, de pesticides ou de réacteurs, car ce qu'ils fabriquent n'est rien de moins *que la société même où nous vivons*. L'étonnant est qu'ils en aient la plupart du temps si peu conscience »
>
> (Ph. Roqueplo, *Penser la technique*, 1983).

Dans le contexte du changement climatique, dont les enjeux sociaux, économiques et vitaux se dessinent de plus en plus clairement, les usages de l'hydrogène se développent dans de nombreux pays. Cette technologie, ou plutôt cet ensemble de technologies, trouve déjà différentes finalités telle que celle de vecteur de stockage ou de valorisation d'énergie renouvelable, mais aussi de complément au gaz naturel, voire de carburant, ainsi que pour une variété d'applications liées à la pile à combustible dans les domaines stationnaires ou mobiles. Les enjeux affichés de l'hydrogène sont, outre la lutte contre le réchauffement climatique, la réduction des besoins de capacité de transport de l'électricité (source de pertes importantes), la production d'énergie décarbonée et donc la réduction des importations de combustibles fossiles, l'accroissement de l'indépendance énergétique du territoire et du pays, et bien entendu le développement de nouvelles filières énergétiques et des empois associés. Mais, si le potentiel de l'hydrogène-énergie est immense, le lot de questions que soulève ce pan de la transition énergétique l'est tout autant. Le Département de la Manche, équipé de deux centrales nucléaires, se trouve doté d'un potentiel d'énergies renouvelables (ENR) d'origine marine (EMR) parmi les plus importants d'Europe et entend ainsi, grâce à une politique d'investissement, devenir un territoire leader de la production d'énergie en Europe grâce au développement de la filière Hydrogène. Cette production d'énergie décarbonée (nucléaire et renouvelable) recèle un potentiel de croissance de l'ordre de 10 GW en 2030 et un potentiel total de l'ordre de 10 TWh, pour en faire à terme un territoire exportateur et à faible consommation. Face à de tel enjeux, un consortium du nom de Energie Hydro Data 2020 (EHD 2020) a été créé, regroupant industriels, collectivités et acteurs de la recherche (Université de Caen). C'est dans ce cadre qu'a été confiée à l'équipe du pôle risques de la MRSH de Caen le rôle d'animer une politique de recherche destinée à accompagner, de manière autoréflexive, cette dynamique territoriale. La Manche met en place dès 2015 un *démonstrateur territorial de l'économie de l'hydrogène*, prenant en compte l'ensemble des utilisations possibles de ce vecteur énergétique dont le premier niveau concernera le marché de la mobilité par le déploiement d'une flotte (captive dans un premier temps, liée au parc de véhicule de la collectivité) de voitures particulières et de bus. L'enjeu social et politique d'une telle transition à la fois technique et industrielle repose sur le choix et la mise en œuvre des moyens de gouvernance, question transversale et complexe qui est le plus souvent renvoyée à un « problème d'acceptabilité sociale » exprimé par les promoteurs du projet, c'est-à-dire à une question de risque calculable. Cet article sera l'occasion de mettre à plat un certain nombre d'hypothèses de travail, dont certaines ont acquis une validité sur d'autres objets, et de remettre en cause un certain nombre de croyances et de mythes qui « minent » le terrain, pour tenter de dépasser le réductionnisme auquel conduit la seule perspective d'une « bonne » gestion des risques.

1. Les apories de la communication

Notre réflexion s'inscrirait *a priori* dans le champ de ce que les auteurs de l'ouvrage de référence *Agir dans un monde incertain*[13] ont nommé la « démocratie technique ». Comme eux, nous partirons du constat que ce que les situations de controverses sociotechniques ont pour point commun de combiner incertitude scientifique et stratégies divergentes d'acteurs, de groupes concernés mobilisés : « Les controverses engendrées [...] vont bien au-delà des seules questions techniques. Un de leurs enjeux est [...] d'établir une frontière nette et largement acceptée entre ce qui est considéré comme indiscutablement technique et ce qui est reconnu comme indiscutablement social. [...] Reconnaître sa dimension sociale, c'est redonner une chance [à un dossier] d'être discuté dans des arènes politiques[14]. » L'enjeu de cette première étape d'une sociologie des controverses sociotechniques, qui se fit jour dans les années quatre-vingt-dix, était de montrer l'existence d'un processus de légitimation de la possibilité pour les « profanes » (il peut s'agir de riverains, d'élus, d'acteurs associatifs, comme de scientifiques issus de disciplines non prises en compte dans un projet technique...) de participer aux débats et aux prises de décision sociotechniques aux côtés des scientifiques et des experts, ce qui rejoint l'idée de « démocratie dialogique ». Et

[13] M. Callon *et* al., 2001, *Agir dans un monde incertain. Essai sur la démocratie technique*, Paris, Le Seuil
[14] *Ibid*, p. 45

pour cause, dès qu'il s'agit de développement technologique, le discours des pouvoirs publics comme celui des industriels adopte une vision très technocratique et mécaniste du « processus » de développement qui doit, grâce à l'appui de la logique managériale, lever les obstacles à la bonne marche du projet et à la réalisation de la « feuille de route ». Si la démocratie repose essentiellement sur la possibilité de négocier un avenir ouvert sur les bases-même de sa propre indétermination[15], la logique du développement économico-technique tient, au contraire, d'une téléologie reposant sur la fameuse proposition « tout ce qui est techniquement faisable et économiquement exploitable sera réalisé ».

Dans la plupart des études publiées sur « l'acceptabilité sociale » de l'hydrogène, pour reprendre une appellation souvent usitée, il est fait référence à des blocages d'ordre psychologique. « Des images ou représentations collectives peuvent constituer un frein chez les décideurs et les utilisateurs potentiels de ces technologies » (...) ainsi « en France, la peur de l'hydrogène est souvent évoquée, traduisant des interrogations fortes sur les risques technologiques liés à son usage. Ces perceptions et ces attentes peuvent être pénalisantes si elles ne sont pas prises en compte », peut-on lire dans un document de l'ADEME[16] daté de 2011. L'autre « verrou », à caractère socio-économique, tient en l'absence de cadre réglementaire et normatif adapté, la réglementation actuelle ne reconnaissant que la production et le stockage industriel d'hydrogène, mais pas l'usage public en France (ce qui ne saurait toutefois tarder). Il s'agirait donc, d'un point de vue technique, de produire « une meilleure compréhension partagée des risques technologiques liés à l'ensemble des applications –

---

[15] On trouvera un excellent rappel synthétique des principes démocratiques dans l'article de Ph. Breton « L'extension des dispositifs de parole consultatifs » in La Science et le débat public, Actes Sud/IHEST, 2012.

[16] ADEME, *L'hydrogène énergie et les piles à combustible*, 2011

production, stockage, transport de l'hydrogène ou applications des piles dans les usages – devant permettre de définir des règles adaptées qui assurent un haut niveau de sécurité tout en ne surestimant pas ces risques[17] ». Cette vision simpliste, procédant d'un réductionnisme psychosociologique de type béhavioriste, repose en partie sur l'idée que l'on aurait à faire à un sujet autonome, isolé, doté de raison et de son libre-arbitre (sur le modèle de l'homo-oeconomicus), mu par ses besoins, ses craintes, et leurs hiérarchies respectives telles qu'exprimées dans la fameuse pyramide de Maslow. Une thèse de doctorat en informatique[18], l'une des rares soutenues sur la réception de l'hydrogène à ce jour, reprend ainsi les facteurs permettant de mesurer « le niveau d'acceptabilité d'une nouvelle technologie » que sont : l'utilisabilité et l'attrait, le confort et le bénéfice, la facilité et la fréquence d'utilisation, l'évaluation de l'information sur le contenu, l'exactitude, l'efficacité de l'information, l'intention d'achat, le prix à payer, etc. Ces critères, qui se déclinent selon les recherches autour de ce noyau utilitariste, s'ils sont certes pertinents en soi, ne peuvent être opérationnels que dans la mesure où ils sont ressaisis dans une double perspective *sociale* (collective) et *historique* (situés dans une dynamique temporelle). Quid, en effet, des interactions, des systèmes d'acteurs, du rôle de controverses préexistantes, des places occupées par ces acteurs dans la société, etc. ? Avec de tels outils, le développement du portable aurait été impensable… et pourtant ! Pour D. Pécaud[19], « l'émergence du concept d'« acceptabilité sociale » des nouvelles technologies et la demande d'analyses sociétales sont, chacune à leur manière, les indices d'une difficulté à composer avec les acteurs

---

[17] Ibid.

[18] A. Kpoumié : « Modèle intégré de structure et d'évaluation des scénarios des technologies de l'hydrogène du point de vue de l'acceptabilité sociale », 2013

[19] D. Pécaud, "Rôles de l'hydrogène à propos de la conception, de la réalisation et de la réception sociale d'un navire à passagers ", Colloque IDHEA Nantes, 12-14 mai 2014, 2015.

concernés de près ou de loin par le projet. La prise en compte de ces acteurs, surtout ceux que l'on qualifie de « périphériques », pose question : comment concilier cette multiplicité de manières d'être au monde de chacun et la réussite du projet ? Lors, une autre question se pose : comment aboutir à une évaluation collective, ou du moins collectivement élaborée ?

Le premier projet de recherche en sciences humaines sur l'hydrogène et la société, mené sur le territoire français, baptisé AIDHY (Aide à la Décision pour l'identification et l'accompagnement des transformations sociétales induites par les nouvelles technologies de l'Hydrogène) se donnait pour objectif de « comprendre les aspects constitutifs de l'acceptabilité sociale des technologies de l'hydrogène » en « prenant en compte les dimensions sociales » dans les scénarios de développement de ce vecteur énergétique. Les auteurs de cette recherche issus des deux organismes INERIS et CEA, ainsi qu'une association professionnelle et un consortium industriel, ont ainsi produit une « cartographie cognitive des controverses à travers lesquelles s'expriment ces problématiques » élaborées au travers de réunions d'acteurs ciblés de type focus groups. Une enquête nationale (la première dans le domaine), sur la base d'un questionnaire élaboré par l'ensemble du groupe, visait aussi à évaluer, par une analyse multicritères, la pertinence de différents scénarios de production et d'utilisation de l'hydrogène en termes d'acceptabilité potentielle et à formuler les recommandations *ad hoc*. Il s'agit, en d'autres termes, d'un projet mené par et pour les acteurs industriels faisant jouer au chercheur le rôle de facilitateur dans la mise en œuvre d'un projet technico-économique, ce que traduit parfaitement la synthèse de l'étude : « une approche sociologique des innovations technologiques peut constituer un atout pour faciliter l'acceptabilité de ces développements – ou pour en anticiper les blocages par certains segments de la société ». Plus largement, la « vision du monde » portée par les industriels sur la complexité sociale se réduit à une conception très mécaniste et systémique du social, que le document CEA, *Sureté de l'hydrogène : une technologie sans faille, clé de l'acceptation sociale* (2005) résume à notre sens parfaitement : « L'hydrogène n'est pas plus dangereux que gaz naturel ou l'essence », aussi si « la peur de l'hydrogène est bien réelle » (rebaptisée « syndrome Hindenburg »), une « bonne » information faite auprès des citoyens et la réalisation de démonstrateurs devrait lever d'éventuels blocages. Cette vision simplifiée du social fort répandue dans les sphères technocratiques – car elle correspond à une conception du monde saisissable par les sciences de l'ingénieur et basée sur la logique technique et positive cause/effet, problème/solution – ne résiste pourtant pas à l'épreuve des faits (sociaux) et se traduit la plupart du temps par un échec des politiques de communication. Le cas de la gestion des risques nucléaires (de la mission Granite à la communication sur les risques nucléaires[20]...) est là pour le rappeler. Ainsi, après une revue de littérature internationale, la « peur de l'hydrogène », au sens de la substance, n'apparaît dans sa « forme pure » dans aucune étude mondiale sur la question, pas plus que dans le projet AIDHY où l'on peut lire que « l'évocation d'un risque explosif reste marginale ». Cette peur, nous l'avons noté sur le terrain, est essentiellement formulée par les porteurs et promoteurs du projet industriel. Ne traduit-elle pas, au fond, leur propre peur – métaphorisée, déplacée – d'essuyer le refus ou les critiques d'une société qu'ils peinent à comprendre dans sa complexité et qu'ils ne peuvent saisir avec leurs seuls « outils » communicationnels. L'étude citée ci-dessus nous révèle d'ailleurs que les Français « ne sont pas réfractaires ni inquiets par rapport à l'utilisation de l'hydrogène » et même que « 77 %

[20] Dupont Yves *et al.*, *De l'information du public à la gestion concertée des risques : construction sociale et territoriale du risque nucléaire dans le Nord-Cotentin,* rapport dans le cadre du programme de recherche « Evaluation et prise en compte du risque technologique » (EPR). Février 2003 - 297 p

de personnes interviewées sont intéressées pas fermement opposées à l'utilisation de l'hydrogène », ce qui ne signifient pas qu'elles soient prêtes à tout accepter sans condition pour autant.

2. Vers une démocratie technique ?

Comme nous l'avons évoqué dans la problématique, les enjeux des controverses sociotechniques potentielles transcendent la division dichotomique du social en « adhérents » et « opposants », entre « pro » et « anti », pour introduire à une dimension à proprement parler dialectique du problème. Plus que radicalement pour ou contre, la société est de plus en plus amenée à formuler des questions à l'adresse des industriels ou des pouvoirs publics du type « quelle utilité ou quel bénéfice est-on en droit d'attendre de telle technologie ? », « quelle sera son empreinte paysagère ? », « sera-t-elle génératrice d'emplois et lesquels ? ». À ce sujet, la question du stockage de CO^2 présente des aspects comparatifs intéressants en ce qu'il s'agit d'un projet industriel lié au climat et aux transitions énergétiques, produisant un ensemble d'effets *territorialisé* et sujet à controverse. Des travaux de recherche existent et pourraient constituer une base de réflexion comparative intéressante si l'on considère la question de l'hydrogène dans sa dimension globale et internationale. Ainsi les Ateliers de dialogue sur l'acceptabilité sociale du captage et stockage du CO2 (Nogent sur Marne, France, 27 April 2007. CIRED/APESA) ont-il permis de mettre en évidence le fait que les partie-prenantes se décident en partie en fonction de leur relation envers les promoteurs de cette technologie[21]. Les citoyens, écrit l'auteur du rapport, « accordent plus de confiance aux ONG environnementales qu'au gouvernement et à l'industrie », la confiance étant liée ici à l'idée qu'ils se font des

[21] Minh Ha Duong, Gilles Mardon (2007), N&A n°3 : Enquête pilote sur la perception de la technologie "capture et séquestration du CO2" en France. CIRED

compétences et surtout des intentions des acteurs. Les travaux menés par l'équipe de LASAR[22] dans les années quatre-vingt-dix sur le nucléaire et auxquels nous avons participé attestent l'existence d'une lourde crise de confiance à l'égard des autorités traditionnelles garantissant la sûreté des installations, notamment en termes d'information et de fiabilité de celles-ci. L'enquête CO^{2}[23] révèle également que près de 80 % des répondants au sondage ont montré une opinion en faveur d'une action contre le changement climatique pour faire une priorité de la protection de l'environnement par rapport au développement économique. S'agissant des risques enfin, selon Minh Ha Duong, « La majorité (63 %) des répondants se sont déclarés en accord avec l'idée que les incertitudes sont inquiétantes, et qu'il faudrait plus de recherches avant de décider ». Une majorité à peu près équivalente déclare, toujours selon l'auteur, que la séquestration/stockage « risque d'être une excuse pour ne pas modifier nos modes de production d'énergie ». Ne peut-on pas présupposer, ce sera l'une de nos hypothèses, qu'une telle critique risque d'être adressée aux promoteurs de l'hydrogène ? À la différence du stockage de CO^{2}, l'hydrogène est étroitement lié à l'usage, à la vie quotidienne et donc à la question des modes de vie et des modalités du vivre ensemble. De ce point de vue, une comparaison avec autres nouvelles technologies porteuses d'incertitudes telles que la téléphonie mobile serait également pertinente. Au final, la question du risque (d'explosion, d'accident) n'est probablement pas l'enjeu essentiel de ce que l'on qualifie d'acceptabilité sociale de la technologie. Le risque technique lié à l'utilisation de l'hydrogène (gaz inflammable et, sous certaines conditions, explosif) appartient d'ailleurs à la famille des risques industriels très « classiques », comme le butane ou les hydrocarbures, et non à celle des « nouveaux risques », irréversibles, diffus, aux effets différés et potentialisés

[22] Dupont Yves, *op. cit.*

[23] Sondage sur stockage CO2 réalisée par la TNS-SOFRES en 2007

comme les Perturbateurs endocriniens. En réalité, si l'on pose les termes du débat en terme de risque, dans le cas de l'hydrogène deux échelles de risques incommensurables sont impliquées : le risque (abstrait pour le citoyen ordinaire) du changement climatique et la nécessité qu'il impose de réduite drastiquement les émissions de CO2 d'une part, et le risque potentiel concret d'un accident « local », voire individuel, d'autre part. On voit donc mal comment ramener tout questionnement à caractère sociologique au seul déterminant commun : la notion de risque calculable. Ceci nous conduit à penser, à titre d'hypothèse, que les enjeux en seront formulés en terme d'usage, de bénéfice attendu, et plus largement de mode de production/consommation (vers quel modèle de société nous mène la filière hydrogène… dans un contexte de crise énergétique et climatique future ?) plus qu'en terme de gestion du risque technique. Plus précisément, nous pensons qu'il s'agit là d'une question politique, qui revient à tenter de savoir 1/qui décide 2/qui informe et qui détient l'information 3/qui contrôle. Et à ce titre, nous allons exposer succinctement les modalités d'une recherche participative, du moins ce à quoi elle pourrait ressembler, qui tenterait de dépasser les apories d'une approche réduite à la seule question de risque technique et de sa gestion communicationnelle.

3. Projet de recherche-action : la mise en œuvre d'une démarche participative et la co-construction d'une connaissance partagée

La filière de l'hydrogène présente la caractéristique d'être encore une filière émergente pour laquelle les phénomènes de rejet n'ont pas encore été fortement manifestés. Il paraît donc inopportun de se situer d'emblée dans une logique de controverse sociotechnique (qui ne semble pas avérée) pour tenter d'intégrer le plus en amont que nous puissions la dimension sociale et la dimension technique du développement de la filière hydrogène. Il semble par contre pertinent de profiter de cette occasion pour proposer une approche innovante basée sur un processus de concertation qui soit pensé, dès le début de la filière hydrogène (nous y sommes encore), comme un processus d'exploration et d'élaboration sociotechnique d'une gouvernance territoriale légitimée par l'ensemble des parties-prenantes. Il existe, depuis une quinzaine d'années, un outil déjà largement expérimenté (notamment dans le domaine médical) pour articuler innovation technique et société : la *Conférence de citoyens*. Cette méthode, qui fait partie de l'attirail opérationnel de la démocratie technique, procède de la rédaction de recommandations par un jury citoyen à la suite d'une présentation publique de rapports d'experts s'appuyant sur l'ensemble de la connaissance disponible, y compris contradictoire. Les experts répondent ensuite, après avoir forgé leur jugement, à des questions préétablies. Chacun peut, au sein du groupe et, à certaines conditions, dans l'auditoire, exprimer son opinion au sein d'une arène démocratique, selon le modèle judiciaire des jurés populaires. La composition du jury est multidisciplinaire et mixe, autant que possible, les critères de différenciations sociales (sexe, âge, catégorie sociale…) en excluant toute personne ayant des liens d'intérêt avec le commanditaire (ici, les industriels). Il formule ses recommandations à huis clos, en toute indépendance. Si, à la différence des autres parties prenantes (industriels, experts, collectivités…), le simple citoyen est celui qui ne décide pas directement et ne possède pas de connaissances techniques spécifiques, la Conférence de citoyens vise à redonner à ces derniers la légitimité d'expression dont ils étaient privés dans le processus de développement technologique tel qu'il fut mis en œuvre depuis la première Révolution industrielle.

L'innovation technique que constitue la filière hydrogène doit donc tenir compte, selon Dominique Pécaud, des conventions qui concernent, par exemple, la définition des normes d'utilisation ou les rôles de chacun au regard de l'usage de cette énergie. La recherche réalisée par ce dernier sur le dispositif Navhybus (navette fluviale à hydrogène), a permis jusqu'à présent de constater que « la prise en compte des acteurs périphériques dans une démarche d'ingénierie renvoyait toujours à une problématique politique. Elle concerne la coexistence d'acteurs et de manières d'être au sein d'une société donnée. Ainsi, les choix des membres du consortium peuvent s'effectuer en raison d'une perspective d'efficacité dans la réalisation du futur navire, mais aussi de la recherche à des manières d'être ensemble[24] ». Et D. Pécaud d'ajouter : « Toutefois, et c'est un comble, la recherche d'une réduction de la capacité d'intervention des acteurs périphériques paraît être l'option prise en matière d'ingénierie sociale. C'est ce que donnent par exemple à voir les tendances actuelles en matière de communication. Le concept de transparence est mobilisé comme outil de cette mise ou non à l'écart des acteurs périphériques : certains demandent la révélation de toutes les informations pouvant permettre une réflexion éclairée des citoyens ». Il s'agirait de construire, au final, un dispositif permettant de mettre en scène les manières de voir de chacun et de permettre à chacun de voir celle des autres. C'est en ce sens que D. Pécaud considère que la question de la diffusion de l'hydrogène doit donc faire l'objet d'une *analyse sociétale*, permettant aux différents acteurs, ou parties-prenantes, de se prendre en compte, voire de se rencontrer. Basée sur le recueil d'avis et d'opinions, le propos de l'expert étant considéré comme une opinion possible parmi d'autres, l'analyse sociétale « constitue la base d'une médiation sociale où la connaissance joue un rôle déterminant ». Trois niveaux de compréhension, selon l'auteur, s'articulent alors : le premier renvoie à une culture technique (caractéristiques technologiques, avantages et leurs inconvénients, dangers associés à l'hydrogène), le deuxième renvoie à une culture environnementale (préoccupation envers le réchauffement climatique, protection

---

24 D. Pécaud, *op. cit.*

de la nature) et un troisième ancrage culturel correspondant à une culture consumériste (confort, usage, convivialité).

4. Qui a peur de qui ?

La peur, nous l'avons entrevu, joue un rôle déterminant dans l'analyse sociétale du phénomène émergent « hydrogène » (que nous nommerons ainsi pour simplifier). Le décalage qui se fait jour entre les attentes de la société et le *discours* sur les risques tenu par les industriels et les promoteurs de la filière, ou plus exactement sur les peurs que sont censés exprimer les citoyens « ordinaires », peurs jugées si possibles « irrationnelles » qu'il s'agirait de soigner par un programme de « communication », pourrait être un puissant analyseur et révélateur des dimensions symboliques et par conséquent immatérielles de cette affaire. Pour le dire autrement, le « syndrome Hindenburg » qui hante la mémoire des industriels, plus que l'esprit des citoyens, révèle le *hiatus* qui se creuse entre la société et la sphère technocratique : d'abord parce que la question des risques calculables (et des normes techniques qui en découlent) ne semble pas constituer la préoccupation première d'une société en mutation, confrontée à des paradoxes tels que maintenir un approvisionnement énergétique permettant le maintien d'un niveau de vie tenu comme acquis et en même temps opérer une indispensable transition écologique afin d'éviter le choc climatique ; ensuite parce que la notion de risque, offerte au calcul et à l'expertise technicienne, est le moyen le plus immédiat, pour des industriels et des « experts » (privés ou publics) d'un domaine technique donné, de tenter de saisir une société civile qui demeure pour le moins incomprise et impensée par ces derniers. Il faut dire que les « Trente glorieuses », et plus largement l'histoire de la modernité industrielle, n'ont pas habitué les pouvoirs publics et les industries à composer avec les attentes de citoyens dont les besoins supposés étaient « planifiés » par les mêmes acteurs[25]. Ne pourrait-on voir dans le souvenir diffus de l'incendie du dirigeable Hindenburg l'expression métaphorique d'une peur purement technique qui hante aujourd'hui les industriels, une sorte de « syndrome du Titanic » comme l'ombre portée d'un naufrage technologique possible ? Il faut dire que la pertinence de la filière hydrogène ne fait pas l'unanimité, entre le conservatisme des pétroliers et des énergéticiens classiques qui considèrent – à juste titre – les promoteurs de l'hydrogène comme des concurrents les menant tôt ou tard à la destruction de leur situation de monopole, et la suspicion d'une partie des écologistes mettant en cause le fondement purement technologique et capitaliste, et par conséquent pas assez social et politique, d'une telle « révolution industrielle ». Pour comprendre cette peur, nous pourrions nous référer à une petite histoire qu'affectionnait le psychanalyste Jacques Lacan, qui passa sa vie à clarifier les rapports entre ces trois niveaux de la réalité qu'il nomma le réel, le symbolique et l'imaginaire : « Un homme qui se prend pour un grain de blé est soigné dans un hôpital psychiatrique. Les médecins finissent par le convaincre qu'il est un être humain et pas un grain de blé. Le jour où il est autorisé à quitter l'établissement, il ne parvient pas à franchir la porte censée lui permettre de rejoindre le monde normal, car un poulet se trouve juste devant. Pétrifié, le malade rentre précipitamment chez son médecin qui lui rappelle "Cher ami, vous savez pourtant que vous n'êtes pas un grain de blé, mais un homme." Aussitôt l'homme le reprend : "Bien sûr que je le sais, mais le poulet le sait-il ?" ». Il ne suffit donc pas de convaincre l'autre de la vérité, fut-ce par une « bonne communication » sur les risques, l'inconscient lui aussi doit accepter la vérité. La peur inconsciente des décideurs et des industriels n'est peut-être pas tant celle des risques techniques qu'ils prétendent pouvoir maîtriser par le seul savoir savant

[25] Voir à ce sujet J.-B. Fressoz, *L'Apocalypse joyeuse, une histoire du risque technologique*, Paris, Seuil, 2012.

(quoi qu'une faillite et toujours possible comme le rappelle Fukushima), que celle de la société par lesquels ils craignent, comme l'homme de l'histoire lacanienne, d'être « dévorés » (d'où l'obsession de « l'acceptabilité sociale ») et sur lesquels ils transfèrent leur propre peur.

Bibliographie

ADEME, *L'hydrogène énergie et les piles à combustible*, 2011

Breton Ph., « L extension des dispositifs de parole consultatifs » in *La Science te le débat public*, Actes Sud/IHEST, 2012.

Callon M. *et al.*, 2001, *Agir dans un monde incertain. Essai sur la démocratie technique*, Paris, Le Seuil

Dupont Y. *et al.*, « De l'information du public à la gestion concertée des risques : construction sociale et territoriale du risque nucléaire dans le Nord-Cotentin », rapport dans le cadre du programme de recherche « Evaluation et prise en compte du risque technologique » (EPR). Février 2003 – 297 p

Fressoz J.-B., *L'Apocalypse joyeuse, une histoire du risque technologique*, Paris, Seuil, 2012.

Ha Duong M., Mardon G., N & A n° 3, « Enquête pilote sur la perception de la technologie "capture et séquestration du CO2" en France ». CIRED, 2007.

Kpoumié A., « Modèle intégré de structure et d'évaluation des scénarios des technologies de l'hydrogène du point de vue de l'acceptabilité sociale » - Thèse de doctorat en information, Université Paris-Dauphine, 2013

Pécaud D., « Rôles de l'hydrogène à propos de la conception, de la réalisation et de la réception sociale d'un navire à passagers », Colloque IDHEA Nantes, 12-14 mai 2014. À paraître en 2015.

TNS-SOFRES, *Sondage sur stockage CO2*, 2007

Chapitre II
Rouler à l'eau ?
Une interprétation socio-anthropologique du rêve d'hydrogène

Michelle Dobré - Professeur de sociologie,
Cerrev-Mrsh- Caen

Il y aurait beaucoup à dire sur les implications du titre de cet article. Je m'arrêterai un instant sur le rêve seulement. Est-ce à dire que l'hydrogène, c'est pour dans longtemps, que ce serait un projet qui s'avère quelque peu utopique, à l'issue incertaine ? Ce serait faux. Des véhicules roulent d'ores et déjà à l'hydrogène en Normandie et l'équipement en points de ravitaillement est en marche, soutenu par la communauté européenne et investi par divers acteurs locaux, régionaux, économiques, etc. Nous avons donc des raisons de penser que, s'il est encore aujourd'hui méconnu du grand public et considéré par nombreuses institutions comme étant en phase expérimentale, l'hydrogène ne tardera pas, avec les accélérations qui se produisent peu après le lancement de toute nouvelle technologie[26], à devenir un mode énergétique sinon ordinaire, du moins une alternative envisageable, sinon pour tous les usages auxquels il pourrait convenir, du moins pour les plus opportuns - notamment pour remplir les objectifs de la réduction des émissions de carbone. Les déplacements se trouvent en première ligne.

---

[26] A. Bastani, *Le communisme de luxe. Un monde d'abondance grâce aux nouvelles technologies*, Diateino, 2021

Alors, « rêve », pourquoi ? Non seulement l'utilisation de l'hydrogène pour nos besoins énergétiques n'est pas de l'ordre de l'utopie au sens de l'horizon lointain ou irréalisable, mais il est déjà là. Il l'était moins au commencement de la recherche Tethys (ANR) et de son complément Artemis (Région Normandie)[27] qui ont procuré les bases empiriques de ce que nous allons présenter dans la suite de ce texte. L'un des partis pris de ces deux recherches était de saisir les représentations et les pratiques possibles (c'est-à-dire envisagées comme possibles, que cela paraisse en phase avec la réalité présente, ou d'ordre fictionnel, dans un futur plus ou moins éloigné) de la technologie de l'hydrogène.

C'est à égale distance des optimismes et des pessimismes technologiques dont nous reparlerons, que la promesse de l'hydrogène ne laisse pas d'inspirer (même si les optimistes sont plus audibles que les sceptiques), plus en harmonie avec la démarche d'un Bruno Latour de la période bleue, qui faisait parler, tel le coq de Chantecler, le métro Aramis[28], que nous allons tenter de faire parler l'hydrogène (ou de le faire rêver) par les propos et les dessins des participants à nos ateliers. Ce voyage qui revient aux matériaux bruts dans la droite ligne tracée par la *grounded theory*, pour retrouver une fraîcheur qui a tendance à se perdre tout au long des opérations de la recherche et ses exigences savantes, ne fait qu'ajouter une touche, éclairante nous l'espérons, aux analyses des scénarios d'usage élaborées avec des grilles et des outils méthodologiques plus articulés (dont le résultats Iramuteq). Quels sont les récits que l'on entend lorsque l'on interroge ces matériaux bruts ? Quelles représentations de l'hydrogène s'en

[27] Tels que présentés par F. Lemarchand qui en a été le coordinateur, dans ce volume, Partie II, chapitre 1

[28] B. Latour, *Aramis ou l'amour des techniques*, Editions La Découverte, 1992.

dégage-t-il, s'il s'en dégage ? Quelles visions ? Quelles utopies ? Quel monde social où l'hydrogène prendrait place ?

Nous avons entrepris d'explorer les représentations de l'hydrogène auprès de publics variés, avec des méthodes innovantes, voire expérimentales - puisque nous avons choisi de prendre le risque d'un protocole empirique mixte, mêlant les ateliers « living lab » au Dôme, destinés à mettre à jour des diagnostics de problèmes et les solutions envisagées par les participants pour la mobilité, mais aussi pour les usages énergétiques domestiques -, et les méthodes sociologiques plus classiques des entretiens individuels et de l'observation. Dans le propos présent, il n'est pas temps d'entrer dans le détail des ajustements en amont des ateliers et ceux qui ont été nécessaires tout au long de ces recherches participatives[29] pour rendre compatibles les approches de living lab avec la recherche sociologique pour une partie des matériaux empiriques. Mais il est important d'apporter une précision : les matériaux que nous allons citer ont été obtenus lors de séances d'ateliers animés par le Dôme à Caen, ils sont donc chaque fois orientés par les objectifs particuliers de la rencontre et modelés par les méthodes d'animation semi-directive qui font partie des outils participatifs mobilisés, matériaux que nous convoquons de manière complémentaire avec les corpus issus d'entretiens et d'observations aux fins de la recherche. Ainsi, les exemples que nous allons montrer ici sont issus d'ateliers portant sur la mobilité, ou sur le foyer, avec en arrière-plan les usages possibles de l'hydrogène. À côté des croquis que nous avons interprétés comme des représentations au sens propre, dessins qui ont été réalisés à la fin des ateliers et validés par tout le

[29] Rudy Amand, Dobré M., Frédérick Lemarchand, E. N. Takam. « Faire de la recherche collaborative : quelle sociologie dans le cadre d'un living lab ? Retour sur l'expérience de « mise en démocratie » de l'hydrogène », *SociologieS*, Toulouse : Association internationale des sociologues de langue française, 2019, 15 p

groupe, nous avons recueilli de nombreux autres matériaux empiriques qui corroborent au moins en partie les interprétations sans prétention à une objectivité scientifique, impossible dans ce cas, que nous présentons ici. Il en est par exemple, et outre les retranscriptions d'entretiens individuels qu'analyse Rudy Amand[1], d'un exercice proposé par les animateurs, intitulé le « Super 8 », qui consiste à demander aux participants aux ateliers de formuler huit propositions que leur inspire la technologie de l'hydrogène à la fin de la séance. Dans certains de ces propos du « Super 8 » (que nous reprenons ici tels quels, pour illustration), les participants ont brossé le tableau d'un monde où l'énergie issue de l'hydrogène serait déjà là, à disposition. Avec une énergie « propre » et surabondante, certains formulent des avantages de confort (« Des chaussures avec bouton pour produire un peu de chaleur par grand froid à l'extérieur »). D'autres voient surtout la fin de la rareté (« Mettre de l'eau dans mon réservoïr de voiture », « Si les batteries des ordinateurs se rechargent toutes seules », « On pouvait inventer le mouvement perpétuel »). Certains pensent à l'avantage collectif, au bénéfice pour l'environnement (« Ma consommation était bénéfique ou en tout cas pas néfaste pour l'environnement », « Si les trains roulaient à l'hydrogène » « Si l'énergie que j'utilise pouvait se récupérer et s'utiliser à l'infini » « moins de carbone »), mais, dans tous les cas, l'hydrogène éveille l'espoir de l'abondance sans fin et de la gratuité (plus l'innocuité environnementale) de l'énergie. La fin des inégalités, l'utopie communiste pointent également, comme dans les propos de Bastani, ou, par ailleurs, ceux d'autres optimistes technologiques avérés[2] que la promesse de

[1] Rudy Amand, *Hydrogène et transition énergétique. Analyse socio-anthropologique d'une trajectoire régionale*, L'Harmattan, coll. Société et environnement, 2021.

[2] T. Lepecq, *Hydrogène : le nouveau pétrole*, Cherche Midi, 2019 : pour ne pas parler de « transition », Lepecq annonce une « révolution », un « big bang » que nous réserverait la technologie de l'hydrogène, une rupture avec le modèle des énergies fossiles, en somme. Et bien avant tout le monde, J.

l'hydrogène conforte dans leurs expectations (« On enlevait toutes les inégalités dans le monde » « On changeait de système économique » « On aidait chaque personne de la même façon (social, économique) »).

1. Quatre récits terre-à-terre

Cependant, quelle surprise, en revisitant les matériaux empiriques avec un regard « neuf », de n'y rencontrer ni rêve, ni utopie (irréalisable ou non), mais une relative sagesse, un réalisme pragmatique[1], une certaine modestie, qui se dégage de ces matériaux. Pas d'envolée hors du présent, donc, pas de rêve non plus, ou pas beaucoup (sauf dans certains propos de super 8 que nous venons de citer), mais aussi, et surtout : pas de peur. Il faut avouer que parmi les idées initiales que nous avions eues, une certaine peur de l'hydrogène devait, à titre d'hypothèse, nous permettre de comprendre l'indifférence voire la réticence à l'égard de l'hydrogène, hypothèse battue en brèche semble-t-il car la peur (d'un hydrogène associé à des dangers, à la bombe, etc.) n'a pas fait surface.

Nous avons identifié quatre récits qui se dégagent de l'incursion dans les scénarios tels que représentés dans des croquis que nous allons voir plus bas :

Rifkin, *L'économie hydrogène. Après la fin du pétrole, la nouvelle révolution économique*, La Découverte, 2002.

[1] Entendu au sens commun de cette expression, faire preuve d'« esprit pratique » - non pas, comme certains sociologues l'entendent aujourd'hui, et dont nous sommes intellectuellement proche même sans en épouser tout le jargon, une démarche centrée sur l'acteur, sur ses usages et ses mots, et mobilisant pour la compréhension du social la pratique, le contexte, l'incertitude, la temporalité et la socialité de la normativité dans ses prémisses – et les notions d'habitude, d'enquête, d'expérimentation, de valuation, de démocratie et de vérité pour le côté pragmatique, comme le résume très clairement Albert Ogien, « Pragmatismes et sociologies », *Revue Française de sociologie*, 55-3, 2014, 563-579.

1. La figure du géant : le grand bus, le grand camion le grand tracteur, le grand avion, voir « plus grand » – voir plus collectif, quand il s'agit de transports en commun ;

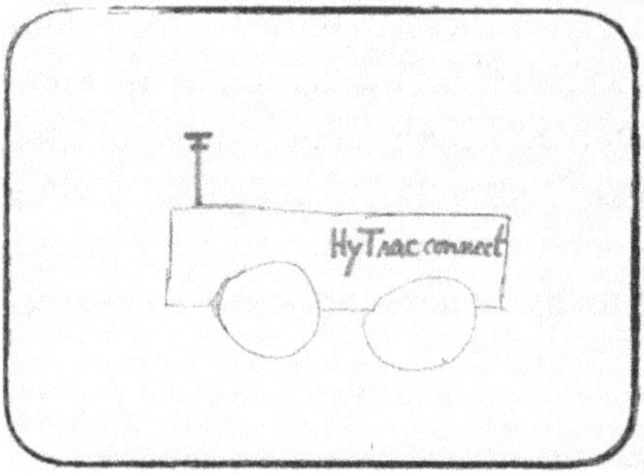

Ces grands moyens de transport (associés à la figure du « géant ») apparaissent aussi bien dans les ateliers consacrés à la mobilité, que dans ceux consacrés à d'autres thématiques. Alors que le collectif est grand, voire « plus grand » (c'est assez surprenant) – l'individuel est petit et nomade, comme nous allons le voir dans la suite.

2. La figure de l'autonomie : maison, village, ville… bulle individuelle

La question de l'échelle ou souvent l'absence de l'échelle, comme cela a été souligné, pose problème à l'analyse. Il apparaît que l'échelle est spontanément territoriale ou locale et non pas planétaire, dans les croquis : maison, village, ville –

mais aussi, l'individu. La bulle d'autosuffisance individuelle est une représentation qui apparaît à travers des objets dont nous parlerons aussi en point 3, à propos du « circuit », centré lui aussi sur l'échelle micro.

Ci-avant, l'une des rares inventions dans l'ordre de l'autosuffisance individuelle, « l'hydrobulle » nommée Thymoae (moyen de transport à l'hydrogène modulable aérien). L'hydrobulle, on la range dans son sac à dos, on n'a pas besoin de place de parking, et on n'a besoin de personne pour se déplacer (comme l'annonçait triomphalement la Harley D. de Gainsbourg visionnaire). La bulle d'autosuffisance est une représentation de l'individualité contemporaine amplement mobilisée dans le marché de la consommation, qu'il s'agisse de biens (objets) ou de relations entre les personnes[1]. Nous allons plus loin dans le point suivant.

---

[1] E. Illouz, *La fin de l'amour. Enquête sur un désarroi contemporain*, Seuil, 2020 (pour la traduction française)

3. La figure du « sans reste » : l'objet ou le circuit

Le circuit est une représentation de l'écologie (l'écosystème), mais aussi de l'énergie, de l'électricité – et du perpetuum mobile, si l'on va chercher du côté de l'imagination technique - c'est- à-dire d'une production sans reste, sans déchets et sans ressource limitée en amont (le circuit de l'eau, la pluie, les océans, l'écosystème, doit être le canevas de cette figure).

« Sans reste » signifie aussi (y compris au sens psychanalytique qui affleure) « sans conséquence », donc sans empreinte environnementale, sans trace. Déployer des activités de tous ordre « sans conséquence » est libérateur, pour autant que cela suspend (ou supprime) la question de la responsabilité. D'où effectivement un attrait certain pour la figure du circuit bien au-delà de la sensibilité écologique, ou la comprenant.

Nous avons dans les deux croquis qui suivent une illustration de cette figure du circuit « sans reste ». La première représente toutes sortes d'usages avec pour acteurs le Soleil, l'eau (le nuage, H2O produite par l'avion qui vole à l'ancienne, produit du CO2, qui est transformé en H2, pour nourrir un avion « propre » en énergie issue de l'H2, et qui, lui, rejette de l'eau, outre qu'il roule « à l'eau »), les arbres, les êtres humains joyeux, l'argent qui intervient à son tour dans le circuit qui entoure et surplombe la Terre au centre de laquelle, la France.

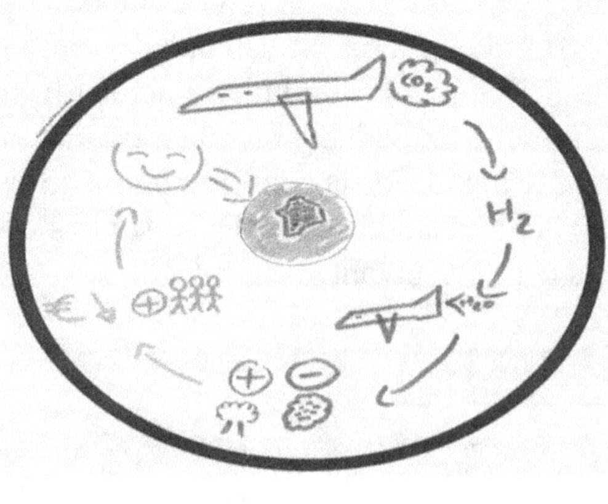

Dans la seconde illustration qui suit, le circuit plus modeste procure l'autonomie énergétique circonscrite à la maisonnée. De l'électricité produite par l'éolienne est transformée en hydrogène qui vient ensuite alimenter en énergie chaque maison individuelle seule (sur le croquis).

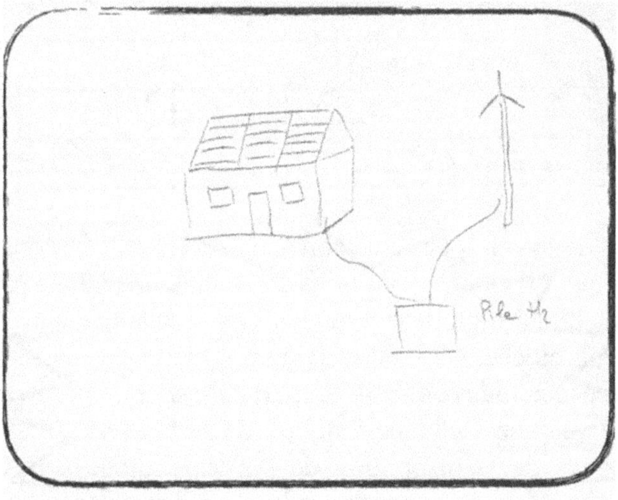

4. Récit de la diminution, du rétrécissement, de la décroissance

C'est dans ces figurations, qu'une posture critique se détache. Rétrécir, Réduire, Déconsommer, Arrêter de se déplacer implique aussi le retour aux « besoins essentiels », parmi lesquels moins ou pas de déplacement – une diminution que la technologie de l'hydrogène pourrait permettre. Ce récit « critique » de l'existant est partout présent comme en contrepoint, ou en sourdine (il n'apparait par exemple pas de manière principale dans les items mis en évidence avec le logiciel Iramuteq).

Arrêtons-nous un instant sur le projet de Carte de crédit universelle (croquis reproduit ci-dessous).

5. La carte de crédit énergie universelle

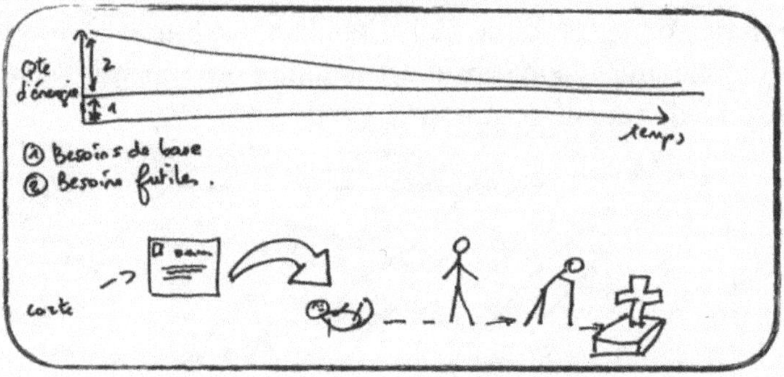

Ce dessin frappe par son côté sombre, désabusé (ou simplement lucide ?), loin de la toute-puissance de la moto de Gainsbourg, c'est le Jean-Francois Nicot de la terrible chanson Les Trois cloches qu'il évoque, dans un raccourci saisissant de l'existence humaine, qui épuise en quatre simples moments clés la carte allouée à chaque individu de sa naissance à sa mort. L'annonce de la disparition de l'argent liquide à travers la généralisation des cartes de crédit est à l'arrière-plan de cette représentation. Tout nouveau-né recevrait à sa naissance un crédit d'énergie (ce qui est vrai dans le fond) pour toute la vie sous forme de carte ici, qui lui allouerait pour le temps de son existence une certaine quantité d'énergie (qu'il libère sans doute à sa mort, le croquis ne le précise pas). C'est juste et implacable comme certaines analyses écologistes. Dans ce dessin, la légende qui explique la diminution des besoins futiles au fil du temps d'une existence (alors qu'il y a constance des besoins « de base »), besoins qui requièrent une plus grande quantité d'énergie, demeure peu claire et probablement fausse – en tout cas difficile à documenter, car les enquêtes statistiques comme Phébus (2013) se focalisent sur le logement, alors que la consommation énergétique des ménages déclinée en fonction de l'âge est décrite en termes de « dépenses » - au sens de l'INSEE (Insee Première N. 1315, 2010). De ce seul point de vue des dépenses énergétiques, toutefois, il faudrait inverser le graphique proposé dans le croquis, car la dépense énergétique augmente avec l'âge…

Dans le même ordre d'idées de la Diminution, nous finirons par cette illustration emblématique, en quelque sorte, de ce que serait une attitude décroissante par rapport aux solutions énergétiques alternatives, qui ont toutes en commun de charrier la promesse ou l'espoir d'une continuation de notre mode de vie par d'autres moyens, plus propres ou moins nocifs d'un point de vue environnemental, « sans conséquence ». L'attitude décroissante remettrait radicalement en cause ce mode de vie. Au lieu de chercher des sources d'énergie plus propres, voire illimitées, réduire les déplacements à leur minimum, ou arrêter le mouvement généralisé, aspect de nos modes de vie tenu pour responsable des dégâts écologiques : « on ne se déplace plus ».

Pour conclure, au terme de cette brève incursion, rappelons-le, impressionniste, dans des matériaux de recherche de source hybride, qui ont été co-construits avec les autres acteurs de la recherche et ne sont pas des purs produits de laboratoire, revenons un instant sur ce que les illustrations extraites de ces matériaux nous apprennent sur la promesse de l'hydrogène. L'impression qui se dégage est qu'il n'y a pas de rupture, pas d'attente non plus d'une « transition », tout se passe comme si cette transition ou rupture avait déjà eu lieu.

À l'instar de la « dématérialisation » promise dans les Technologies de l'information et la communication (TIC)[2] la technologie de l'énergie par l'hydrogène propose à notre culture l'idéologème (L. Dumont) de l'allégement miraculeux de la charge écologique, et disposer (enfin) d'une ressource propre, inépuisable et renouvelable. Nous noterons au passage que l'eau a cette réputation alors que, d'un point de vue écologique et planétaire, l'eau est une ressource rare. Le récit contraire (diminution, décroissance) est audible, mais n'est pas prégnant, il apparaît (comme dans les représentations politiques d'ailleurs), en sourdine.

Dans la plupart des figures des récits évoquées on entend la présence d'une vision « abondantiste » qui renoue donc avec le socialisme historique via la technologie, et qui entre étrangement en écho avec les thèses de A. Bastani cité plus haut – et en assureront sans doute le succès. La promesse (que l'hydrogène comme d'autres nouvelles technologies transporte) de se libérer de la contrainte écologique, de réduire ou mieux, supprimer l'empreinte écologique (circularité), l'abondance énergétique inépuisable, à mode de vie constant, pour peu qu'on ait la foi. Cependant, la foi en la science et la technique n'est plus ce qu'elle a été[3] du début jusqu'à la fin des Trente Glorieuses.

---

[2] M. Dobré,F. Flipo, M. Michot, *La face cachée du numérique. L'impact environnemental des nouvelles technologies*, l'Echappée, Montreuil, 2013.

[3] Comme le montrent les enquêtes menées en Europe par Daniel Boy depuis trente ans, et l'analyse des enquêtes depuis 1972, qui pointe la montée du scepticisme de « l'opinion » à l'égard des effets de la science et de la technique, qui a succédé à l'optimisme initial :
https://www.revuepolitique.fr/la-science-au-defi-de-lopinion-publique/

Chapitre III
L'acceptabilité sociale de l'hydrogène : évaluation pré et post information par *serious game* collaboratif

Agnès SALINAS - Enseignant-chercheur en Psychologie, Codirectrice du CERREV

1. Introduction

Dans le cadre du projet TETHYS financé par l'ANR, parmi les premières actions du projet, notre équipe pluridisciplinaire a souhaité analyser les connaissances, les formes de représentations par les perceptions de populations au regard de l'hydrogène parmi d'autres transitions énergétiques. Le projet étant construit en collaboration avec le Dôme/living-lab, il s'agissait de faire un premier constat sur ces représentations et d'en évaluer l'évolution après notre premier atelier de recherche-action : en effet, l'acceptabilité sociale devant les transitions énergétiques ne peut être envisagée qu'en tant que processus dynamique. Des actions d'information, de formation et de *serious games* étaient nécessaires pour fournir une connaissance éclairée, autant que faire se peut, de la complexité des modes de transitions énergétiques, dont celui de l'utilisation de l'hydrogène. Les résultats de l'évaluation réalisée avant et après ces premiers ateliers dans le living-lab du Dôme à Caen seront proposés dans cet article.

2. Contexte et problématique de cette étude dans le cadre de TETHYS

Le projet Transition énergétique, territoires, hydrogène et société – TETHYS, financé par l'ANR a pour objet d'interroger les acteurs du territoire à un ensemble de questions quant au processus de transition énergétique lié à l'hydrogène. La « mise en démocratie » d'enjeux à la fois généraux et pratiques vise à dépasser les approches traditionnelles formulées en termes d'acceptabilité sociale des risques. Le but est de produire une analyse sociétale, multidisciplinaire et comparative, de la mise en démocratie du vecteur énergétique hydrogène dans trois territoires français. La vocation pluridisciplinaire (dont la sociologie, la psychologie, géographie…) de l'équipe et le caractère innovant et appliqué au contexte industriel du projet financé par ANR sur projet de recherche collaborative (PRC) associant trois Universités : Caen, Nantes (école polytechnique de l'université) et Bourgogne ainsi qu'une structure associative dédiée à la recherche expérimentale (« Le Dôme »/Relais d'sciences ou living-lab).

2.1. L'hydrogène comme mode de transition énergétique : sa place parmi les ressources possibles

La décarbonation par le moyen de l'utilisation de l'hydrogène parmi d'autres moyens d'énergies renouvelables se pose actuellement, tant au niveau des publics citoyens, des gouvernances, des territoires ou des industriels. La question des différents coûts, des critères de dangerosité ou non de ce mode qu'est l'hydrogène (est-il plus dangereux ou non que le butane par exemple ?) est interrogée dans ce projet TETHYS.

2.2. Processus d'acceptabilité sociale et complexité de la démarche

La décarbonation ou comment abandonner un modèle pétrole/essence au profit d'un autre, alors que ce modèle fonctionne encore dans l'actualité interrogée, les capacités à s'emparer d'une transition par une décentralisation, ou par un changement de modèle, ou bien encore par l'augmentation des capacités groupales ou individuelles : les modes de transition énergétique sont à envisager dans leurs facteurs croisés et complexes. Un mode de transition plus « propre » peut générer des conséquences individuelles ou collectives dans les modes de vie qui vont attaquer autrement l'environnement. Toute transition énergétique suppose aussi une progression qui se situe entre l'abandon progressif d'un mode énergétique existant au profit d'un ou de plusieurs autres modes (cf. Cai, H., 2008 ; Doherty, T.J., et al., 2011 ; Hoffman, A.J., 2011). La question de cette complexité se rajoute donc au déroulement de modes d'actions en développement, donc dynamiques et non statiques. La nécessité de voir ce changement comme un processus interroge un autre processus qui n'avancerait pas forcément avec des étapes similaires, celui de l'acceptabilité sociale : celle-ci doit être conçue sur le mode d'étapes à parcourir et à valider par les publics tout comme par les acteurs, dont les industriels, qui sont concernés.

La question en particulier de la construction d'une solution énergétique se pose : comment peut-on construire cela, comment peut-on en être aidé au niveau individuel ? Lors des ateliers du living-lab, nous avons pu observer que certains individus avaient déjà conçu des solutions en tant que particuliers. Cependant de nombreuses personnes se trouvaient plutôt démunies avant ces ateliers et durant le *serious game*, que nous allons présenter maintenant.

2.3. Confection d'un serious game par le living-lab du Dôme suite aux rencontres avec nos équipes

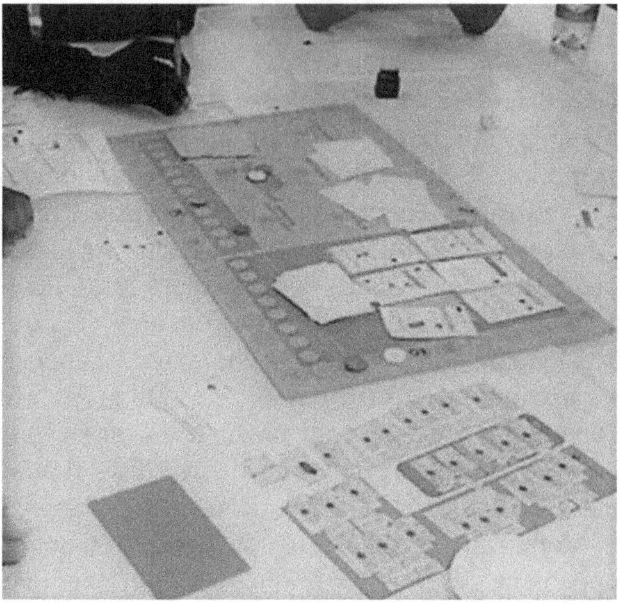

Un *serious game* a été fabriqué pour le projet TETHYS par le libing-lab du Dôme, à Caen, en collaboration avec les questionnements des chercheurs. Ce jeu de rôle sur l'énergie a été confectionné par une spécialiste du jeu, recrutée pour une durée de 20 jours par le Dôme afin de le construire, puis elle a participé à son animation tout en impliquant les publics des ateliers du Dôme. Ce jeu, qui est amené à être perfectionné, s'est joué par petits sous-groupes au sein de chaque atelier. Les résultats analysés dans cet article ont questionné deux ateliers en octobre 2018. Le *serious game* était constitué d'un plateau de jeu qui permettait de créer des scénarii de transition énergétique tout en permettant de prendre conscience de la complexité des facteurs individuels, sociétaux, industriels et environnementaux en jeu. La consigne pour les participants était de « rendre un quartier nouvellement construit avec 100 %

d'énergies renouvelables sans dépasser un niveau de pollution trop important » : cela permettait d'introduire le sujet et de les amener à l'appropriation de la culture de transitions énergétiques renouvelables. Le jeu permettait aux individus des petits groupes de participer virtuellement à une citoyenneté environnementale, avec un plateau constitué d'une carte permettant d'avancer dans le temps et dans les moyens de transition énergétique, ainsi qu'une possibilité de discussion/de controverse constructive entre joueurs par rapport à des scénarii choisis ; le choix pouvait ensuite permettre de déléguer à des groupes plus grands. Même si l'apprentissage du jeu apparaissait comme compliqué, car certains joueurs semblaient perdus lorsqu'ils le pratiquaient au tout début, il a eu le mérite de mettre en évidence la problématique très complexe que soulèvent les modes de transitions énergétiques. Ce jeu a également permis de mettre en confrontation les avis de chacun, tout en participant à un consensus de fin de jeu pour chacun des sous-groupes en participation qui a fini par laisser la main à la majorité qui proposait une solution plus acceptable.

Le questionnement du problème était le suivant : se réapproprier la problématique de l'énergie, rechercher l'autonomie de la transition sélectionnée c'est-à-dire qu'elle ne revienne pas au bout de dizaines d'années à être finalement peu intéressante, doit-on chercher des approches individuelles, collectives ou institutionnelles ? Toutes ces questions étaient rappelées dans ce jeu tout comme dans les contenus d'exposés de recherche-action qui ont suivi ce jeu participatif. La décarbonation ou comment abandonner un modèle pétrole/essence au profit d'un autre, alors que ce modèle fonctionne encore dans l'actualité interrogée, les capacités à s'emparer d'une transition par une décentralisation, un changement de modèle, ou l'augmentation des capacités de groupes ou individuelles, tout ceci était discuté.

3. Population et méthodologie : sélection d'une pré et post étude après deux premiers ateliers de recherche action comprenant *serious games* et exposés d'information

Échantillons de population sur cette pré-étude (octobre 2018)

Deux échantillons de populations ont été interrogés par questionnaires :

- L'un comprenant 20 sujets retenus pour une comparaison possible (10 hommes et 10 femmes) dont 12 étudiants ou en formation, mais également une chargée de communication, un professionnel de l'énergie dans l'habitat, deux responsables de programmes de logement social, un gardien d'immeuble, une médiatrice scientifique, un formateur chargé de projets culturels.
- Le second comprenant 10 sujets retenus (six hommes et quatre femmes) dont six étudiants, un médiateur culturel, un retraité, un sans profession, un informaticien.
- Le Dôme était chargé de constituer les deux échantillons pour ces publics afin qu'ils ressortent de leurs listes de contacts variés, panachés et aléatoires.

Formation/information des publics ainsi que le serious game proposé en atelier

Nous avons tout d'abord fait remplir un pré-questionnaire avant l'atelier sur l'hydrogène parmi différentes formes de transitions énergétiques, comprenant le serious game à jouer en sous-groupe et les exposés avec discussion sur ces contenus. Ensuite nous devions faire passer le pré-questionnaire à la fin de l'atelier.

Questionnaires pré et post-tests

Les questionnaires pré et post-tests portent sur l'acceptabilité sociale et la connaissance ou façon de percevoir l'hydrogène parmi les modes de transitions énergétiques. Nous précisons que les perceptions ou représentations sont uniquement les formes d'expression traduites au niveau langagier.

Les modalités de questions pour le pré-questionnaire et pour le post-questionnaire sont des échelles de Lickert, des questions fermées, et majoritairement des questions qualitatives pour connaître les seuils de connaissances et de compréhension verbale.

Analyse descriptive et qualitative

Dans cette sélection d'étude de début de projet auprès de publics conviés par le living-lab de Caen, nous allons analyser les réactions dans les réponses par questionnaires avant et après les ateliers au cours desquels le *serious game* collaboratif en sous-groupes et les exposés d'information concernant le fonctionnement et le développement actuel de l'hydrogène par rapport à d'autres énergies renouvelables a été exposé par des experts du domaine. Nous retiendrons en particulier les questionnaires comparables.

4. Résultats en termes de connaissances avant cette recherche-action

Avant l'atelier du *serious game* :

En terme quantitatif sur des échelles de Lickert, la transition énergétique par l'hydrogène apparaît plutôt non connue pour les deux échantillons interrogés (16/20 réponses, 7/10 réponses). Elle leur apparaît comme plutôt possible et plutôt utile a priori. Il leur semble plutôt difficile de produire moins de carbone dans nos activités.

Dans le premier échantillon, les sujets connaissant pour la plupart principalement l'énergie électrique, deux autres seulement évoquent aussi d'autres vecteurs que l'hydrogène : l'énergie éolienne, photovoltaïque, hydraulique, solaire, les pompes à chaleur.

Dans le second échantillon qui semble avoir davantage de difficultés à répondre sur ces thématiques, seul le stockage d'eau est évoqué autre que l'hydrogène comme vecteur énergétique.

À la question qualitative de savoir si les sujets avaient déjà tenté d'utiliser une énergie autre que l'énergie-pétrole, 9/20 ont répondu par l'affirmative en évoquant l'énergie électrique, et plus précisément deux d'entre eux :

– l'énergie solaire pour recharger de petits objets,
– le chauffage et ECS par géothermie, une réflexion pour faire fonctionner une pompe à chaleur.

Les sujets relient la « plutôt grande difficulté » de produire moins de carbone dans nos activités aux éléments suivants :

– à la gouvernance et aux industries, citation des réponses :
– énormément de choses menacent de carbone (usine, voiture, etc.) ; – il faut se confronter au politique et à l'industrie pétrolière ;
– Nous avons perdu 40 ans en France sur la recherche d'énergies renouvelables... Dans le développement des énergies renouvelables ;
– serait-ce possible au niveau économique, au niveau du système capitaliste ;
– à terme une question de coût et de volonté ;
– on n'a pas le choix et peu de matière grise et de moyens ont été dévolus au sujet ;
– Il faut changer toutes les machines nécessitant une énergie fossile ;
– Il faudrait limiter les échanges ;
– Le carbone est présent dans la grande majorité de nos plus grandes productions en milieu industriel ;
– en appartement c'est très difficile par contre en maison c'est faisable ;
– il suffit de privilégier certains modes de transport ;

– difficulté à/changer les habitudes/faire évoluer les métiers/faire bouger les entreprises productrices d'énergies. »

5. Résultats suite à l'action d'information et de jeu participatif sous forme de *serious game*

Au niveau qualitatif, la transition énergétique par l'hydrogène est restituée comme finalement non connue en détail pour les personnes ayant répondu au post questionnaire, y compris pour ceux qui avait cependant répondu la connaître (en question fermée) en pré-questionnaire. La quasi-totalité des sujets ont dit avoir appris de l'atelier et du *serious game* sur la place de l'hydrogène parmi les transitions énergétiques. Ils ont répondu avoir acquis de nouvelles informations et avoir développé leurs connaissances à partir des explications obtenues. Les réponses en termes de l'utilisation de l'hydrogène leur paraissent difficiles au niveau individuel, même si certains disent bien vouloir l'utiliser si l'industrie est en capacité de le développer. La majorité des sujets répondent qu'il leur semble encore qu'il manque des informations pour avancer.

6. Discussion et conclusion sur la dynamique entre acceptabilité sociale et difficultés des transitions énergétiques

Nous avons volontairement sélectionné cette pré-étude de début de projet en 2018 afin de pouvoir avoir un ancrage de la situation préalable quant à l'acceptabilité sociale de la population interrogée.

La question que nous avons posée de la construction d'une solution énergétique, au niveau de la participation individuelle, a révélé lors des ateliers du living-lab que la conception de solutions réalisées en tant que particuliers existe. Cependant de nombreuses personnes se trouvaient plutôt démunies au niveau de leurs connaissances pour visualiser les possibilités de l'hydrogène ou d'autres nouveaux modes de transition : avant ces ateliers, durant le *serious game*, et à la fin de celui-ci, dès qu'elles n'étaient pas expertes en moyens énergétiques. La complexité des facteurs entrant en jeu, bien que comprise pour la plupart, ne leur semblait pas relever d'un niveau individuel tel qu'il n'était pas facilité actuellement, même si celui-ci devait exister comme contribution. Le fait de s'apercevoir qu'une action de dépollution peut en entraîner une autre qui apporte les mêmes problèmes sur une période temporelle (ce qui a été bien compris) oblige à placer la perspective au niveau groupal et industriel. Dans la question de synthèse post-atelier, il leur a été demandé de classer dans un futur proche la transition énergétique selon le niveau sélectionné : le premier échantillon de sujets a répondu en premier par le niveau international au même niveau ex æquo que le niveau groupal (collectivité, quartier, association…), en second le niveau national, en troisième le niveau régional, puis personnel. Le classement du second échantillon ne permettait pas de distinguer significativement les positions. Nous n'avons pas noté de problème lié un refus de changement : au contraire nous avons constaté une ouverture par rapport à l'acceptabilité sociale. Le mode hydrogène semble simplement devoir faire ses preuves avec l'accord des gouvernances et des industriels, parmi d'autres modes de transitions énergétiques.

Bibliographie

Cai, H. (2008). 8. La théorie de la croyance. In C. Hua, L'homme pensé par l'homme : du statut scientifique des sciences sociales (pp. 128-144). Paris : Presses Universitaires de France.

Doherty, T. J., & Clayton, S. (2011). The psychological impacts of global climate change. American Psychologist, 66(4), 265–276. https://doi.org/10.1037/a0023141

Hoffman, A. J. (2011). The culture and discourse of climate skepticism. Strategic Organization, 9(1), 77–84. https://doi.org/10.1177/1476127010395065

Chapitre IV
L'acceptabilité sociale : une nouvelle *machine-célibataire*

Dominique PECAUD - Professeur émérite,
École polytechnique de l'université de Nantes,
Centre d'Études et de Recherches sur les Risques et les Vulnérabilités, Université de Caen

1. Introduction

Ce texte se nourrit d'une réflexion plus large concernant les figures sociales[4] attachées aux pratiques qui contribuent à *la rationalisation du social,* un des objets des recherches que je poursuis depuis plusieurs années à propos des risques industriels, sanitaires ou de ceux attachés aux espaces publics. Il souhaite rendre compte des effets relationnels et symboliques provoqués par ce qu'il est convenu d'appeler désormais l'acceptabilité sociale de [quelque chose], acceptabilité considérée à la fois comme résultat d'une intention volontaire afin d'orienter le jugement de quelqu'un, et comme élément d'une méthode, se voulant rationnelle, de résolution de problèmes.

---

[4]Le concept de « figure sociale » est proposé dans les années 60 par Ralf Dahrendorf pour enrichir celui de « rôle social » jusqu'alors utilisé. Il intègre l'ensemble des dimensions des représentations et des expériences y compris esthétiques et éthiques. Cf : Moser S., Schlechtriemen T., Social Figures-Between societal experience and sociological diagnosis. 2019. halshs-01972078.

L'acceptabilité sociale de [quelque chose] se pose de deux manières : soit du point de vue mécanique des moyens qu'elle mobilise pour obtenir à coup sûr un résultat attendu, soit de celui des contextes et des pratiques sociales que l'expression désigne et desquels émergerait son usage. C'est cette dernière approche que je souhaite explorer sur fond d'une anthropologie herméneutique des pratiques d'influence inhérentes aux milieux dans lesquels se joue la *rationalisation du social.*

2. Problématique

Ma réflexion part d'un constat : dans les écrits et conversations d'aujourd'hui, les termes d'acceptabilité et d'acceptation semblent utilisés indifféremment. On peut remarquer aussi que le premier tend à se substituer au second, comme s'il s'agissait de renforcer une signification *affaiblie* de celui-là. L'acceptabilité définit originairement la *« qualité de ce qui est acceptable*[5] *»* (et donc pas encore accepté) dans deux grands domaines : la gestion de projets le plus souvent conçue sur le seul mode instrumental, un indicateur concernant les enquêtes d'opinion portant sur des réformes politiques. Par exemple, on mesurera par anticipation l'acceptabilité sociale d'un navire à passagers utilisant une pile à hydrogène ou celle de l'installation d'une vidéosurveillance (appelée désormais vidéoprotection[6]) dans un espace public. Quant au terme d'acceptation, il désigne une action ou un ressenti individuels ou collectifs : recevoir une offrande, un compliment, approuver

---

[5] Le terme d'acceptabilité est la traduction du terme latin médiéval d'acceptabilitas. Sources : CNRTL.

[6] En France, la vidéosurveillance (loi n° 95-73 d'orientation et de programmation du 21 janvier 1995 relative à la sécurité) est appelée vidéoprotection (loi n° 2011-267 d'orientation et de programmation pour la performance de la sécurité intérieure du 14 mars 2011)

une décision, admettre une réalité, etc. Le terme peut alors désigner la qualité de quelque chose de socialement tolérable[1].

Pourquoi cette confusion ? Comment expliquer la substitution plus ou moins discrète de l'un par l'autre, substitution d'usage qui double une confusion des significations et des pratiques d'échanges discursives symboliques ou sensibles ? Dans les années 70, Deleuze et Guattari notaient que les sphères de la production, de la distribution et de la consommation habituellement repérables avaient tendance à se fondre dans une unique surface d'enregistrement du monde (vécu) dans lequel nous vivions[2].

Les réponses à ces différentes questions sont à rechercher dans l'inventaire des manières d'agir, de penser, de ressentir attachées à des pratiques sociales dont les transformations témoignent du poids d'une rationalisation générale des relations humaines[3]. Agir : décider au titre de la raison affichée, mener à bien ses effets... Penser : raisonner, démontrer, prouver l'intérêt de la décision prise, éduquer... Ressentir : influencer, éprouver un intérêt pour les formes de l'échange, le résultat. Cette liste n'est pas exhaustive. Elle relève de la rationalité instrumentale appelée par Weber *« rationalité par les fins poursuivies[4] »*.

---

[1]Kasperson R.E., Kasperson J.X., Determinig the acceptability of risk : Ethical and policy issues. In : Rogers J.T., Bates D.V. (eds), *Assessment and Perception of Risk to Human Health*, Ottawa : Royal society of Canada, 135-155.

[2]Cf. Deleuze G., Guattari F., *L'anti-Œdipe, Capitalisme et schizophrénie*, Les éditions de Minuit, Paris, 1972, 9-10.

[3]À rapprocher des concepts de *« civilisation des mœurs »* comme *« dynamique de l'occident »* forgés par Norbert Elias pour témoigner d'une histoire de manières collectives de faire, de penser et de ressentir caractérisant une civilisation attachée à un espace-temps considéré comme homogène.

[4]« Idéalement, dans une action rationnelle en finalité, celle où l'objectif est bien défini, où les moyens les plus adéquats sont mis en œuvre, pour laquelle donc les relations logiques entre l'antécédent et le conséquent sont connues et maîtrisées, aucune conséquence inattendue n'apparaît. Une telle action qui est en principe toujours couronnée de succès suppose une connaissance parfaite et un pouvoir exceptionnel de l'acteur. » Cherkaoui M., « Limites de

Pour clarifier mon propos, je définirais l'acceptation comme attitude intégrative envers une proposition émise ou une observation faite (ex : un aménagement urbain, une manifestation artistique...). Cette acceptation relève d'une dynamique sensible et cognitive qui constitue la subjectivité de chacun. La construction de cette subjectivité est affaire du sujet-même. Elle est d'abord éprouvée avant d'être exprimée. Quant à l'acceptabilité, elle se présente le plus souvent sous la forme d'un résultat mesuré ou d'une méthode d'influence mise en œuvre volontairement afin d'obtenir un accord se voulant rationnel. Cet accord est obtenu par l'usage de données et de raisonnements censés le rendre désirable[1].

La contamination à bas bruit de l'acceptation par l'acceptabilité observée dans les domaines de l'ingénierie technique et politique de la sécurité et de la prévention des risques m'incite à décrire un phénomène, celui de la *liénation.*

3. Par *liénation*, que faut-il entendre ?

Je désigne par *liénation* un élément du processus de réification[2] des individus inhérent à la rationalisation du social. Il s'inscrit dans le mouvement de pensée suivant. L'aliénation concerne la dépossession des attributs qui fait qu'un individu propriétaire de ces derniers est reconnu par d'autres individus avec lesquels il est en relation. L'aliénation décrétée constitue donc une perte, un effacement de cette propriété : perte

---

la rationalité instrumentale et ses effets non recherchés », In : , *Le Paradoxe des conséquences. Essai sur une théorie wébérienne des effets inattendus et non voulus des actions*, sous la direction de Cherkaoui M., Genève, Droz, Genève, 2006, 59-76.

[1]La désirabilité correspond à un état de la pensée désigné comme « pro attitude ». Cf. Davidson D., *Essays on Actions and Events,* Clarendon, Oxford, p. 86, 1980.

[2]Imprégnant entre autres les travaux de Marx, Simmel, Weber et Lukacs, la réification peut désigner *« le devenir-chose de ce qui, en droit, n'est pas une chose ».* Vandenberghe F., « La notion de réification. Réification sociale et chosification méthodologique », *L'Homme et la société*, 103, 1992, p. 81.

juridique d'une propriété matérielle, ou perte de la raison et de la reconnaissance sociale par exemple dans le cas d'un malade mental déclaré aliéné. Mais que devient cette perte pour soi et pour les autres ? Elle impose une nouvelle forme de lien auquel accède le nouvel aliéné. Je nomme ce lien *liénation.* La *liénation* ne désigne donc pas le lien auquel l'aliénation a mis fin, mais ce que la perte de ce lien a rendu possible. Individu ou objet dépossédé, l'aliéné se recompose par un lien inédit, rendu possible du fait de l'aliénation subie. L'aliéné qui survit à la fin du lien originaire devient alors reproduction. Il émerge comme objet dépossédé de son *aura* perdue[1] : comme objet manufacturé dépossédé des traces corporelles du travail dans et sur la forme quand cet objet est fabriqué par des gestes humains qui demeurent visibles ; comme individu à la *« vie nue »*[2], réduit à sa seule chair comme *« zone d'indiscernabilité entre l'homme et l'animal*[3] *»*, exploitable à merci sur le mode d'une domestication en voie de généralisation, cette empathie *a minima* de l'un pour l'autre.

Les caractères symboliques de l'individu concerné disparaissent, niés par ce qui pouvait les maintenir comme propres : marque d'appartenance de droit ou de fait à une communauté de semblables, mais aussi suppression de cette appartenance affaiblie appelée aliénation. Toutefois, cette suppression juridique et symbolique de la vie propre de chaque individu, vie qu'Aristote définit comme *Bios,* c'est-à-dire comme *« forme et manière de vivre propre à un individu ou à un groupe*[4] *»* n'équivaut pas à la disparition physique de l'individu qui continue à construire de fait une vie nommée *Zoé.* *Zoé* désigne le *« simple fait de vivre commun à tous les*

---

[1]Benjamin, W., *L'œuvre d'art à l'époque de sa reproductibilité technique*, Allia, Paris, 2018.

[2]La « vie nue » désigne une vie privée de sa forme signifiante. Agamben G., *Moyens sans fins, notes sur la politique*, Rivages Poche, Paris, 2002, p.14

[3]Deleuze G., *Francis Bacon, Logique de la sensation,* éditions de la différence, tome 1, Paris, 1981, p.19.

[4]Agamben G., op. cit. p. 13.

humains[1] ». Si l'aliénation se caractérise par la disparition du sujet pour soi et pour les autres, la *liénation* pointe l'organisation de l'individu de chair, vivant nu sans qu'il puisse en modifier ou en négocier les caractéristiques. L'individu va alors subir l'acceptabilité de telle manière de faire, de penser ou de ressentir sans qu'il ait les moyens de décider en propre de l'intérêt d'accepter ou de rejeter ce que cette acceptabilité impose.

4. Et par transition énergétique, que faut-il comprendre ?

La substitution muette qu'est pour le pianiste le « remplacement d'un doigt sur une touche abaissée par un autre doigt afin de rendre disponible le premier sans interrompre la note tenue[2] » offre une analogie satisfaisante pour décrire la transition énergétique. Substitution et transition imposent un bricolage qui doit s'effectuer sans effet audible ou repérable, condition pour l'interprète de maintenir la ligne mélodique et pour le politicien de provoquer un changement sans crise. Substitution muette ou rupture discrète, chacune relève d'une machinerie matérielle et symbolique maintenant sans bruit les éléments qui la composent. Deleuze et Guattari en ont donné une description… spectaculaire.

> « La production est immédiatement consommation et enregistrement, l'enregistrement et la consommation déterminent directement la production, mais la déterminent au sein de la production même. Si bien que tout est production. Tout est si bien production que les enregistrements sont immédiatement consommés, consumés et les consommations directement reproduites.[3] ».

---

[1]id.
[2](*Mus.* 1976). Sources : CNTRL.
[3]Deleuze G., Guattari F., *L'anti-Œdipe, Capitalisme et schizophrénie*, op. cit. p. 9 et 10.

Les mêmes auteurs font appel à l'œuvre de Kafka pour préciser que :

> « les hommes et les femmes font partie de la machine, non seulement dans leur travail, mais encore plus dans leurs activités adjacentes, dans leur repos, dans leurs amours, dans leurs protestations, leurs indignations. (...) La machine n'est pas sociale sans se démonter dans tous les éléments qui font machine à leur tour[1] ».

Faire référence à une *machine-célibataire* exige de clarifier en quoi ce concept peut nous aider à comprendre ce qui se joue dans la désignation d'une transition énergétique, et à clarifier le rôle attribué à l'acceptabilité sociale comme production d'une acceptation de cette transition.

Transition énergétique : en 1972, le Club de Rome lance un cri se voulant rassembleur : *« Halte à la croissance »* industrielle[2]. L'appel ne rencontre pas son public, la consommation bienfaitrice restant désirable. Vingt ans après, ce cri reste chuchoté au sein de quelques cénacles économistes ou scandé sans écho sur quelques scènes protestataires. En 1992, la Conférence de Rio lance l'idée d'un *Développement durable.* Le concept est hétéronome, voire oxymorique. Attrape-tout, il prend existence dans le développement d'Energies nouvelles renouvelables (EnR). Ces énergies ne sont pas forcément nouvelles. Ce qui est nouveau c'est qu'elles peuvent rendre crédible l'idée d'une transition énergétique sans heurts. La transition devient machine, à la fois comme durée et comme état. Deruisseau affirme pourtant que :

---

[1]Deleuze G., Guattari F., *Kafka, Pour une littérature mineure*, Minuit, Paris, 1975, 145-146.

[2]*« ... pour une part l'industrie s'oppose à la nature, pour une autre part elle y puise ses matériaux, pour une autre part elle lui restitue ses déchets, etc. ».* Deleuze G., Guattari F., *L'anti-Œdipe, Capitalisme et schizophrénie*, op. cit. p.10.

> « Si le terme de « transition énergétique » a été forgé au tournant des années 1980 dans le monde germanophone (...), il faut attendre le début des années 2000 pour assister à une multiplication des travaux sur celle-ci (...) et plus particulièrement sur « les mécanismes et les phases de changement sociotechnique » (Jaglin et Verdeil, 2013[1]) nécessaires à sa réalisation. Ce concept émergent présente une polysémie générant des modèles de transition opposés et inconciliables.[2] »

La transition énergétique supposerait d'être efficace et durable. Ce seraient les qualités de sa réussite. Des travaux scientifiques alimentent de nouveaux scénarios pour éviter des catastrophes annoncées ou accompagner des résiliences. Les *projets* industriels qui inspirent ces travaux prennent le relais des mythes anciens. Prennent-ils en compte l'épaisseur anthropologique de ces derniers ? Leur consistance est celle des chiffres et des raisonnements. Leur réception sociale nourrit nombre de polémiques. La résilience promise pour la transition perdrait-elle de sa superbe ? Elle se politise et se mécanise. De machinerie psychique, elle devient *« technologie de consentement[3] »*. L'acceptation à bas bruit possible se transforme en acceptabilité forcée.

Si les mythes offraient bon an mal an un sens à une vie résiliente face aux risques de destruction ou de mort, les Lumières désenchantées de l'Europe mettaient au point une

---

[1]Jaglin, S. & Verdeil, E. (2013). Énergie et villes des pays émergents : des transitions en question. Introduction. *Flux*, 93-94, 7-18.

[2]Duruisseau, K., L'émergence du concept de transition énergétique. Quels apports de la géographie ?, *BSGLg* [En ligne], 63 (2014/2) - Varia, URL : https://popups.uliege.be/0770-7576/index.php?id=3932

[3]Ribault T., *Contre la résilience. À fukudhima ou ailleurs*, L'échappée, Paris, 2021.

nouvelle machine, celle d'un « progrès en marche[1] ». Progrès des sciences, des sciences appliquées et des techniques industrielles devenues machines à leur tour. La transition énergétique annoncée ne peut toujours pas se passer de connaissances, d'artefacts, de méthodes, de règles et de normes, de « bonnes pratiques » et de bien d'autres choses encore. L'acceptabilité sociale [de quelque chose] s'inscrit dans tout cet attirail qui définit la Raison.

Transition énergétique, énergies nouvelles, acceptabilité sociale apparaissent comme autant d'expressions rassemblant des groupes humains autour d'une mobilisation idéologique, celle d'une domestication du monde dans lequel ils résident. Ce monde est celui de la *terra cognita*, l'écoumène qu'évoque Berque[2] ou Descola[3]. Ce monde est à élargir, à gagner sur la *terra incognita, l'arva vacua,* l'érème des Grecs anciens.

5. La transition énergétique et ses agencements

Croire en une transition énergétique harmonieuse, faire ce qu'il faut pour lui donner forme, permet-il de vaincre l'eschatologie matérielle et spirituelle, ce programme qu'annoncent avec insistance le réchauffement climatique et l'utilisation des énergies carbonées ?

> « Et si la fin des temps n'était que la conséquence inéluctable d'une lente dégradation de notre écoumène ?[4] »

Cette question est soumise en 2020 aux lecteurs d'Hérodote.net. Pour y répondre, sont recensés quelques

[1]Sources: Déruelle A., « La « marche du progrès » », *Arts et Savoirs* [En ligne], 12 | 2019, mis en ligne le 24 février 2020, consulté le 22 mars 2021. URL : http://journals.openedition.org/aes/2044

[2]Berque A., *Écoumène, Introduction à l'étude des milieux humains*, Belin, Paris, 1995.

[3]Descola P., *Par-delà nature et culture*, Gallimard, Paris, 2005.

[4] Hérodote.net, publié ou mis à jour le : 28-05-2020.

mythes traitant de cette fin. Ces récits témoignent des cultures qui les port (ai) ent, les cultures n'étant au fond que l'expression de ce que pensent, ressentent et font les êtres humains. Hérodote, l'historien et géographe grec était mis à l'honneur, mais pas Dumézil pour qui :

> « Les mythes ne se laissent pas comprendre si on les coupe de la vie des hommes qui les racontent (...) ils ne sont pas des inventions dramatiques ou lyriques, sans rapport avec l'organisation sociale ou politique, avec le rituel, la loi ou la coutume ; leur rôle est au contraire de justifier tout cela, d'exprimer en images les grandes idées qui organisent tout cela.[1] »

Ainsi, les mythes nourriraient une angoisse sans fin, celle qui rend compte dans la durée civilisationnelle d'événements catastrophiques, de drames humains. Cette angoisse provoque à la fois un resserrement social (ex : mise à l'écart, protection, précaution, solidarité face à un danger identifié collectivement), une dureté politique, et un resserrement psychique (par le rappel répété de la mort). Les mythes portent deux questions insistantes à propos du risque de disparition des humains et des machines qui leur fournissent des significations.

1) La mort est-elle la fin de tout ? Ce que dit la phénoménologie, c'est qu'elle conduit à un état qui empêche de savoir à tout jamais. Husserl aurait précisé : cet empêchement se produira quand ma chair ne sera plus en fonction[2].
2) La fin de tout est-elle la mort ? Tout dépend de nos croyances, de notre conception du monde. Nietzsche, sans doute sensible aux prises de

[1] Dumézil G., *Mythe et épopée*, tome 1, Gallimard, Paris, 1968, p. 10
[2] Husserl E., *La terre ne se meut pas*, Minuit, Paris, 1989, p. 86 sq.

position de Blanqui, rappelle que l'univers n'est ni devenu, ni à devenir[1].

Quels sont les mythes d'aujourd'hui ?

- La fin du monde ? Baudelaire l'avait supposé :
- « Le monde va finir. La seule raison pour laquelle il pourrait durer, c'est qu'il existe. Que cette raison est faible, comparée à toutes celles qui annoncent le contraire, particulièrement à celle-ci : qu'est-ce que le monde a désormais à faire sous le ciel ?[2] »
- La mort de l'Homme annoncé par Foucault[3] ? Pourquoi pas.
- La fin du progrès qui s'incarnait dans l'extension de la rationalisation technique du monde (vécu) ?
-

Depuis Descartes et Bacon, les sciences des Lumières ont fourni le terrain de jeu du progrès technique et social incarné par l'activité industrielle. La découverte de la finitude des ressources nourrit sa mise en accusation. Pourtant les ingénieurs ne chôment pas. Peuvent-ils redonner espoir aux dépossédés[4] que nous serions devenus ?

La fin : laissons donc à ce mot sa signification ambigüe, celle qui indique un arrêt autant qu'une espérance. L'extension de la rationalisation et de la résilience s'appelle encore progrès. Pourtant cette extension menace désormais l'écoumène défini comme espace connu par l'espèce humaine. Cet espace est

---

[1] Blanqui A, *L'Éternité par les astres : hypothèse astronomique,,* Germer-Baillière, Paris, 1872.

[2] Baudelaire C., *Journaux intimes XXII, Mon cœur mis à nu. Fusées. Pensées éparses*, éditions G. Crès et Cie, 1920 p. 36.

[3] *« Étrangement, l'homme (...) n'est sans doute rien de plus qu'une certaine déchirure dans l'ordre des choses, une configuration, en tout cas, dessinée par la disposition nouvelle qu'il a prise récemment dans le savoir. De là sont nées toutes les chimères des nouveaux humanismes. »*, Foucault M., *Les mots et les choses*, Gallimard, Paris, p. 15.

[4] *Les dépossédés* est un livre de science-fiction d'Ursula Le Guin faisant partie du cycle l'*Ekumen*. Le Livre de Poche, Paris, 2006.

matériel et symbolique. Symbolique est aussi celui de l'érème, un monde inconnu et à découvrir, ou à créer.

Résumons. La transition énergétique relève de la dynamique historique que constitue la découverte conjointe de l'écoumène dégradé et de l'érème à inventer. L'usage que nous ferons du terme dépend du sens que nous souhaitons lui donner. Transition comme rupture, mais rupture permanente, un état transitionnel de société ? Transition comme pratique d'aménagement social et culturel attaché à une transformation de nos manières de penser et d'agir ? Transition comme dépassement illusoire d'un état social « liquide[1] » exigeant de se protéger d'une insécurité permanente et totale ? Transition comme état passager conduisant à une fin désirable ?

Pour clarifier les significations et donc les usages de la transition, revenons à la vision que Baudelaire se faisait du progrès.

4. Le progrès : un mythe de passage

L'Exposition Universelle de 1855 inspire à Baudelaire un article sur le progrès, ce « fanal obscur (…), breveté sans garantie de la Nature ou de la Divinité ».

Baudelaire ajoute :

> « Demandez à tout bon Français qui lit tous les jours son journal dans son estaminet ce qu'il entend par progrès, il répondra que c'est la vapeur, l'électricité et l'éclairage au gaz, miracles inconnus aux Romains, et que ces découvertes témoignent pleinement de notre supériorité sur les anciens.[2] »

---

[1] Cf. Bauman Z., *Le présent liquide, peurs sociales et obsession sécuritaire*, Seuil, Paris, 2007.

[2]Baudelaire, C., *Curiosités esthétiques*, éditions de l'œil, Paris, 1956, p.203

Où se forgent donc ces raisons ?

> « [il s'était] fait de ténèbres dans ce malheureux cerveau et tant les choses de l'ordre matériel et de l'ordre spirituel s'y [étaient] si bizarrement confondues ! Le pauvre homme est tellement américanisé par ses philosophes zoocrates[1] et industriels qu'il a perdu la notion des différences qui caractérisent les phénomènes du monde physique et du monde moral, du naturel et du surnaturel.[2] »

Ce constat à la hache, qui inspire l'ode de la décadence, est plus nuancé qu'il n'y paraît. Ce n'est pas tant le progrès matériel que Baudelaire remet en cause que le fait qu'il soit pensé sans but et sans limite.

Le développement durable annoncé par les progrès techniques, la transition énergétique reposant sur des énergies dites nouvelles ou renouvelables ne s'imposent pas comme des réponses capables d'atténuer les conséquences de catastrophes somme toute inévitables. Le sens du terme fin cette fois est clair : la seule fin qui importe, c'est la limite. La durabilité constitue-t-elle une limite ? Sans limite, pas d'activité spirituelle possible, pas d'élévation de l'esprit. C'est ce que précise Baudelaire :

> « Si une nation entend aujourd'hui la question morale dans un sens plus délicat qu'on ne l'entendait dans le siècle précédent, il y a progrès ; cela est clair. Si un artiste produit cette année une œuvre qui témoigne de plus de savoir ou de force imaginative qu'il n'en a montré l'année dernière, il est certain qu'il a progressé. Si les denrées sont

---

[1]Qui ? Rousseau, Hugo… ?
[2]Baudelaire, C., op.cit., p.203

aujourd'hui de meilleure qualité et à meilleur marché qu'elles n'étaient hier, c'est dans l'ordre matériel un progrès incontestable. Mais où est, je vous prie, la garantie du progrès pour le lendemain ? Car les disciples des philosophes de la vapeur et des allumettes chimiques l'entendent ainsi : le progrès ne leur apparaît que sous la forme d'une série indéfinie. Où est cette garantie ? Elle n'existe, dis-je, que dans votre crédulité et votre fatuité.[1] »

5. Machine-célibataire et acceptabilité sociale

L'obtention d'une acceptabilité sociale attachée à un projet industriel dépendrait de l'efficacité d'une machinerie matérielle et symbolique, une machine-célibataire le plus souvent hétérogène, présente sur la scène politique des sociétés industrielles. Une machine... en ordre de marche.

Machine-célibataire : Tout commence par Le Grand Verre, œuvre monumentale de Marcel Duchamp réalisée entre 1915 et 1923. Le titre original de Duchamp est : La Mariée mise à nu par ses célibataires, même. André Breton la décrit comme :

> « une interprétation mécaniste, cynique, du phénomène amoureux ». C'est « le passage de l'état de virginité à l'état de non-virginité pris pour thème d'une spéculation foncièrement asentimentale[2] ».

Fin de l'amour ? Le projet de type industriel s'impose-t-il sur le mode de la prostitution ?

---

[1]id., p.203

[2] Breton, A., « Le Phare de la Mariée », *Le Minotaure*, n. 6, Paris, hiver 1935, 45-49.

> « Le phénomène industriel serait donc la perversion retournée de l'instinct de conservation et de propagation de l'espèce ; la jouissance stérile de l'émotion y aurait enfin trouvé son équivalent le plus mensonger et le plus efficace.[1] »

La machine de l'acceptabilité se présente comme une machine autonome programmée, productrice de significations standardisées et de justifications considérées comme irréfutables.

En 1975, Deleuze et Guattari publient Kafka, Pour une littérature mineure, ouvrage consacré notamment à l'analyse d'« œuvres illimité(e) s plutôt qu'inachevée(e) s opér (ant) un démontage des grandes machines sociales présentes et à venir.[2] ».

1976 : Michel Carrouges monte une exposition au Musée des Arts Décoratifs de Paris intitulée Les machines célibataires. Présenté sans rajouts, le titre de Duchamp prend l'épaisseur d'un nouveau concept. Carrouges présente plusieurs « topographies » censées montrer la toute-puissance de la technique qu'inspirent une catégorie d'œuvres littéraires. Parmi elles, Locus Solus (Raymond Roussel), La colonie pénitentiaire (Franz Kafka) comme machine-célibataire, à savoir : une machine programmée qui imprime à l'intérieur du corps du condamné la sentence du jugement qu'il ne connaît pas encore. Cette inscription ne prendra sens qu'au moment de l'agonie et mènera à l'extase.

L'œuvre de Marcel Duchamp (1887-1968) relève d'un « goût prononcé pour les propositions mécanomorphes ». Elle témoigne des logiques d'actions qui inspirèrent sa vie au même titre que celles présentées par Raymond Roussel dont le roman

---

[1] Klossowski, P., *La monnaie vivante*,Payot & Rivages, Paris, 1997, p. 41.

[2] Deleuze G., Guattari F., *Kafka, Pour une littérature mineure,* Minuit, 1975, quatrième de couverture.

Locus Solus[1] fut édité en 1914[2], un an avant la mise en fabrication du Grand Verre (celui-ci se brisera accidentellement en 1933 et, réparé, ne quittera plus Philadelphie).

Les romans choisis par Carrouges mettent en scène des machineries relevant de l'acceptabilité sociale. Pas d'acceptabilité sociale sans machinerie. Pas de machinerie sans acceptabilité sociale. L'acceptabilité sociale imprègne toute machine-célibataire capable d'expulser mécaniquement de et dans l'espace (social) le désir des hommes et des femmes, celui du désir comme celui du discours. Le désir, pas la « vie nue ». Signe des temps, aucun projet industriel ne semble pouvoir se passer d'une acceptabilité volontaire d'hommes et de femmes toujours emprunts de désir. Kafka le suggère dans le récit de la Colonie. Deleuze et Guattari insistent :

> « Que la machine technique ne soit qu'elle même qu'une pièce d'un agencement social qu'elle suppose, qui mérite d'être appelé « machine », cela nous prépare à l'autre aspect : l'agencement du désir est aussi agencement collectif d'énonciation[3] ».

6. Acceptabilité sociale et transition énergétique : invention, exploitation consommation de l'hydrogène

Le concept de transition appliquée à l'énergie est censé s'imposer du fait d'une expérience vécue et généralement partagée, celle de la certitude de la dégradation d'un environnement construit par les êtres humains qui y résident ou qui s'y aventurent. Cette certitude s'impose sans même parfois se poser la question de sa réalité.

---

[1] Roussel, Raymond, *Locus Solus*, Paris, Gallimard, 1963, 320 p.

[2] Bonniol, Marie-Pierre, *Collection Morel - Les machines célibataires*,catalogue exposition au Lieu Unique, Nantes, 1976.

[3] Deleuze G., Guattari F., *Kafka, Pour une littérature mineure,* Minuit, 1975, p. 146.

Cet environnement est aussi lieu de résidence de l'espèce humaine. L'inexorabilité de sa dégradation peut être interprétée comme le résultat d'une exploration et d'une exploitation sans fin menée par les humains. Cette manière anthropocentrée de voir peut être nuancée par des expériences matérielles ou imaginaires inédites. Elle peut se nourrir de l'espoir de trésors à inventer (exemple : la découverte de puits naturels à hydrogène[1]). Cette modification du monde vécu par les découvertes induit l'inventaire (systématique) de lieux par nature inhabituels auxquels Descola fait référence pour rappeler à sa manière la distinction entre écoumène et érème[2].

> « Jardin et forêt, champ et lande, restanque et maquis, oasis et désert, village et savane, autant de paires bien attestées qui correspondent à l'opposition faite par les géographes entre écoumène et érème, entre les lieux que les hommes fréquentent au quotidien et ceux où ils s'aventurent plus rarement[3] ».

L'exploration de l'écoumène et de l'érème ne sont en rien les deux moments historiques d'un dévoilement possible de tout par tout. La promesse des Lumières aurait pu nous le faire croire. Quant à Hegel, il a vu dans le savoir absolu, cette forme vide définie par Fichte, l'occasion d'un dévoilement menant à :

---

1 Sources: https://www.connaissancedesenergies.org/tribune-actualite-energies/lhydrogene-naturel-curiosite-geologique-ou-source-denergie-majeure-dans-le-futur. Consulté le 8 avril 2021.

2 du grec *ἔρημος*, lieu solitaire, désert, opposé dans la culture grecque ancienne à *οἰκουμένη* qui désigne la terre habitée.

3 Descola Philippe., *Par-delà nature et culture,* Gallimard, Paris, 2005, p. 59.

> « la conclusion d'une dialectique de l'esprit qui fait le bilan de son passé, afin de bâtir la science future.[1] »

Pourtant cette science future semble avoir fait long feu. Nous mettrons du temps à l'admettre. Y renoncer n'éviterait sans doute pas l'intensification des risques civilisationnels attachés à la croyance d'une rationalité universelle. Une raison critique sans limite ou sans alternative s'est imposée, malgré le scepticisme et la méfiance que les infinis pouvaient inspirer aux humains. Hegel avait repéré deux risques attachés à cette raison critique triomphante, sans limite de rationalité :

> « celui d'une surestimation du pouvoir critique de la raison et celui d'une sous-estimation de celui-ci. Une confiance aveugle dans le pouvoir de la raison paraît aussi peu raisonnable qu'une méfiance généralisée envers celui-ci.[2] »

Écoumène, érème ? Désert, terre habitée ? Descola invite au dépassement d'une distinction qui n'agirait qu'en trompe-l'œil, offrant l'exploration et la découverte comme expériences infinies. Cette distinction est ethnocentrée, c'est celle que le vieil Occident appliqua aux programmes de colonisation de l'ensemble de la planète : la terra cognita a eu tendance à s'élargir, la terra incognita ou l'arva vacua, à disparaître. Escola, Berque[3], opposent la relativité fluide ou chaotique du sens commun à une multiplicité sans cesse renouvelée des espaces nomades.

---

[1] Reix André, Georg Wilhelm Friedrich Hegel, *Le savoir absolu*, compte-rendu, *Revue philosophique de Louvain*, 31, 1978, 31, 404-406.

[2] Thérien C.,. Les Lumières et la dialectique. De Hegel à Adorno et Horkheimer, *Revue Philosophique de Louvain,* quatrième série, tome 101, n°4, 2003. p. 568.

[3] Berque Augustin, *Écoumène* [1987], Belin, Paris, 2015, 45-92.

Le concept de transition énergétique, le statut de l'hydrogène comme « nouvelle » énergie à isoler et à domestiquer, et, enfin de l'acceptabilité sociale sont désormais les éléments d'une machinerie politique cherchant à prolonger la destinée du vivant sur l'ensemble de la surface terrestre. Cette machinerie inspire deux questions :

- Mener à bien une transition énergétique contribue-t- il à l'accomplissement historico-gestionnaire du destin énergétique de la planète, à révéler une apocalypse muette, inaugurant la fin du rapport entre écoumène et érème ;
- Le souci d'acceptabilité sociale de l'énergie produite grâce à l'hydrogène contribue-t-il à cet accomplissement ?

7. Conclusion

La distinction entre l'écoumène comme espace social naturalisé, ordonné, historicisé, comme plate-forme logistique où se traite la satisfaction des besoins des consommateurs, et l'érème, réserve imaginée de sauvagerie, de désir et d'extase ont maintenu pendant longtemps l'intérêt pour un programme de production énergétique fait d'allées et venues possibles. Maintenir ce regard apparaît désormais difficile. Quant à l'acceptabilité sociale comme machine politique, elle tend à produire une manière de penser et d'énoncer un monde à finir par la mise en œuvre de manières de faire ordonnées par une intelligibilité rationnelle, celle de l'ingénierie des projets.

Le concept de transition s'impose comme un agencement aux « entrées multiples[1] ». Tel Janus, il offre au moins deux visages. Le premier ressemble à l'écorché des amphithéâtres d'anatomie. Visage démantelé et discipliné en même temps, offrant à découvrir tel hémisphère cervical capable de substituer, toutes choses étant définies comme égales par ailleurs, une énergie à une autre, une connaissance à une autre.

[1] Deleuze G., Guattari F., op. cit., p. 7.

L'autre provoque chez chacun de nous l'étonnement que procure la confrontation de la relation à l'autre et à l'inventaire des représentations eschatologiques des énergies et de leur consommation que nous pouvons partager.

Nous sommes Dans le même bateau[1]. Sloterdijk reprend à son compte le mot d'esprit supposé prononcé par Hegel[2] : « Tant pis pour les faits ! » dès lors qu'ils pourraient contredire une théorie. L'étonnement que nous pouvons conserver est plutôt celui de Lévinas face à la

> « potentialité du possible dans un horizon (…) et l'intimité du non-intentionnel dans la conscience préréflexive[3] ».

La distinction de la relativité attachée à la confrontation de la relation à l'autre, celle que les sciences humaines et sociales se chargent d'éclairer nous rapproche d'une autre distinction. Elle est celle de territoires culturels où rayonne la science comme méthode et comme applications, et d'autres où des histoires continuent de véhiculer les images et les récits qui nourrissent la désirabilité de notre futur. Si les résidents du premier ne peuvent déborder de la connaissance des faits, la liénation jusqu'à la vie nue de ceux qui habitent le second ne peut constituer un enjeu politique souhaitable. Admettre la finitude provisoire des connaissances et l'interprétation toujours renouvelée des récits, c'est admettre que ce qui fait qu'une civilisation perdure n'est ni le fruit d'une orientation autoritaire de l'action au nom de savoirs imperturbables, ni la manipulation piégeuse d'une doxa toujours renouvelée.

---

[1] *Sloterdijk P., Dans le même bateau, essai sur l'hyperpolitique*, Rivages Poches, Paris, 2003, p.15.

[2] Ou peut-être, selon Lukács, de Fichte. Cf : Lukács G., Qu'est-ce que le marxisme orthodoxe?, *Histoire et conscience de classe*, Les éditions de minuit, Paris, 1960, pp. 17-45.

[3] Levinas E. *Entre nous . Essai sur la pensée-à-l'autre*, Grasset et Fasquelle, Paris, 1991, p. 137.

Le projet d'une élévation apparemment sans limites et sans risque du niveau de vie grâce à des énergies nouvelles ou renouvelables est-il encore d'actualité ? Apparaît-il encore désirable au regard des exigences qu'il imposera à l'écoumène et à l'érème précédemment évoqués ? Les guerres modernes, les catastrophes industrielles, les désastres écologiques remettent en cause la crédibilité d'un avenir programmable, et affaiblissent la légitimité éthique et politique que nous souhaitons donner à nos manières de vivre. Sans la remise en cause de cette élévation, la domestication généralisée des êtres vivants se poursuivra. Cet avenir ne me semble pas souhaitable. Car, si cette domestication se poursuit, qui décidera alors de sa remise en cause ?

Chapitre V
La question hydrogène et la généalogie des promesses énergétiques

François Jarrige – historien des techniques, UB-UMR-LiR3S

Depuis quelques années, les débats autour de ce qu'on peut appeler la question hydrogène ne cessent de monter en puissance et d'acquérir une visibilité croissante. D'abord feutré et restreint au seul champ des experts, le débat sur l'hydrogène s'est élargi et étendu jusqu'à être promu comme « la solution » aux défis énergétiques et climatiques actuels. Industriels, scientifiques et politiques œuvrent désormais au déploiement croissant de la « solution » hydrogène, militent pour son développement à l'heure de l'électrification massive. Ils ne cessent de se demander comment lever les freins et les obstacles pour faire advenir cette nouvelle utopie technologique dotée de toutes les vertus puisqu'elle serait « propre », et offrirait un moyen de stocker l'énergie intermittente des grandes éoliennes. En 2017, à l'occasion du Congrès international sur les véhicules électriques, un chercheur-ingénieur spécialiste du sujet pouvait ainsi affirmer que « Nous sommes nombreux à penser que la production d'hydrogène à partir d'énergies renouvelables est « LA solution » pour intégrer ce nouveau vecteur énergétique dans le mix global[1] ». Plus récemment deux économistes de l'énergie écrivaient que « dans tous les domaines, de l'industrie aux transports, le couple « électricité + hydrogène » apparaît

[1]https://lejournal.cnrs.fr/billets/energie-les-promesses-de-lhydrogene

aujourd'hui comme l'option gagnante pour la décarbonation complète des systèmes énergétiques[2] ». La filière hydrogène se structure de plus en plus en annonçant une révolution énergétique et industrielle, en obtenant de multiples soutiens. En septembre 2020, le gouvernement français présentait ainsi une « stratégie nationale pour le développement de l'hydrogène décarboné », avec des plans d'investissement massifs, l'objectif étant de « conjuguer le développement technologique et la transition écologique » déclare le ministre de l'Économie, des Finances et de la Relance. L'Agence nationale pour la recherche annonçait de son côté un nouveau programme prioritaire de recherche sur les « applications de l'hydrogène », alors que les médias relayaient massivement ces promesses et innovations censées dessiner un monde d'énergie propre et partagée.

Par technologies de l'hydrogène on désigne les moyens permettant d'utiliser ce gaz comme vecteur énergétique afin de stocker l'énergie et la restituer sous forme de gaz pour équiper des véhicules notamment ou pour produire de l'électricité. L'hydrogène n'est donc qu'un vecteur, qui nécessite d'être produit au moyen d'autres sources d'énergies primaires. Le principe de la pile à combustible est connu quant à elle depuis plus d'un siècle, elle réalise en quelque sorte le principe inverse de l'électrolyse en produisant de l'électricité au moyen d'une pile alimentée en hydrogène. Au cours du XXe siècle, l'amélioration des rendements et de la durée de vie de ces piles a permis l'utilisation croissante de l'hydrogène, comme dans des missions spatiales, mais cette technologie reste très coûteuse, et demeure longtemps cloisonnée à des marchés de niche, délaissée par l'industrie et jugée irréaliste. Désormais, dans le contexte des appels urgents à la sortie des énergies fossiles, cette technologie semble permettre de propulser des véhicules, avions ou voitures, sans émettre de CO_2, et est dès lors présentée comme un élément essentiel des transitions

---

[2] *The Conversation*, 31 mars 2021.

énergétiques à venir. Le problème est néanmoins que sans gisement d'hydrogène naturel disponible dans l'environnement[3], il faut produire ce gaz, et pour cela consommer beaucoup d'énergie en amont, pour l'instant essentiellement au moyen d'énergies fossiles (charbon, gaz naturel, pétrole…) via des procédés fortement émetteurs de gaz à effet de serre. L'enjeu actuel est donc de substituer une source d'énergie présentée comme non carbonée, l'électricité nucléaire ou les énergies dites renouvelables, pour produire de l'hydrogène. L'origine majoritairement fossile de l'hydrogène est en effet dissimulée par le fait qu'il pourrait permettre d'accroître la part des énergies renouvelables en créant un nouveau moyen de stockage, ce dernier étant le grand problème des sources d'énergies comme l'éolien.

La question hydrogène est inséparable de la question électrique dont elle est l'une des manifestations actuelles alors que l'électrification s'accélère massivement, bien au-delà de la mobilité, avec l'essor des outils numériques, qui annoncent partout un accroissement des besoins. Comment diminuer nos rejets polluants et la contamination des milieux, tout en accroissant nos consommations d'électricité ? Cette question est sans doute l'une des plus urgentes, mais aussi l'une des plus vives et complexes auxquelles se heurtent nos sociétés actuelles. Le succès des promesses et imaginaires de l'hydrogène tient à ce qu'il est décrit comme la brique technologique ou la solution permettant de régler ce défi. Mais ces promesses hydrogènes ne sont que le dernier avatar de la « servitude électrique » qui n'a cessé de s'étendre au cours du XXe siècle, en apportant certes confort et puissance d'agir, mais aussi invisibilisation constante des pollutions, des rejets

---

[3] Eric Deville, Alain Prinzhofer *Hydrogène naturel. La prochaine révolution énergétique* ?, Paris, Belin, 2015 ; le bandeau publicitaire de ce livre affirmait ainsi : « Une énergie inépuisable et non polluante, ça existe ! »

toxiques et des nuisances qu'implique toujours la production massive d'électricité[4].

Autour de l'hydrogène est en train de se constituer une nouvelle série de promesses qui relancent le solutionnisme technologique dans le contexte des crises écologiques à répétition que nous vivons et qu'il n'est désormais plus possible de contester. Alors que l'énergie constitue un enjeu décisif, car c'est elle qui stimule la production, et rend possible la mondialisation, c'est par elle que les sociétés humaines entretiennent des relations étroites avec leurs milieux de vie, elle représente aussi la principale limite auxquelles se heurtent les sociétés et leur modèle de développement hérité des deux derniers siècles d'industrialisation à marche forcée. Face à ceux qui militent pour la sobriété et la décroissance des consommations énergétiques comme seul moyen d'affronter les défis climatiques de façon réaliste, les industriels et les autorités privilégient le modèle de la « révolution technologique » et de l'innovation de rupture censées permettre le maintien du consumérisme sans produire de rejets polluants ou de surexploitation des environnements. L'énergie est dès lors censée devenir « propre » comme le martèlent les publicités et les discours des communicants. Pourtant, loin de la rupture annoncée ou de la Révolution censée initier une bifurcation dans nos pratiques, les promesses et politiques actuelles de l'hydrogène s'inscrivent dans une longue généalogie de promesses avortées, de rêves technologiques mis en avant pour anesthésier les critiques, résorber les débats et marginaliser les projets alternatifs plus modestes[5].

---

[4] Comme l'ont parfaitement rappelé récemment Gérard Dubey et Alain Gras : *La Servitude électrique : du rêve de liberté à la prison numérique*, Paris, Seuil, coll. Anthropocène, 2021

[5] Pour une histoire de l'énergie moins polarisé par l'innovation et ses promesses et davantage aux pratiques sociales et aux enjeux environnementaux, cf. F. Jarrige et A. Vrignon (dir.), *Face à la puissance. Une histoire des énergies alternatives*, Paris, La Découverte, 2020.

La controverse hydrogène n'a par ailleurs rien d'inédite aujourd'hui, elle rejoue un certain nombre d'expériences passées, de débats anciens, dont le bref rappel peut aider à éclairer les configurations actuelles. Les promesses hydrogènes, parfois décrites comme tout à fait nouvelles, sont en effet anciennes comme l'a montré notamment Nicolas Simoncini dans sa thèse sur l'« Histoire de la recherche sur les piles à combustible en France des années soixante aux années quatre-vingt »[6]. Il y examine notamment l'essor des recherches et projet d'application de cette technologie en France dès les années 1950 et les raisons, à la fois scientifiques et sociales, pour lesquelles ces travaux ont presque tous été abandonnés au début des années quatre-vingt ; avant de renaître plus récemment au début du XXIe siècle. Les technologies permettant de produire ce gaz hydrogène remontent au XIXe siècle, et elles s'étendent ensuite pour répondre aux défis énergétiques successifs qui se posaient déjà dans les années 1830, 1890 ou 1930. L'hydrogène est d'abord une promesse de laboratoire, largement futuriste, à une époque où s'impose une confiance inédite dans le progrès des technosciences et sa capacité à régler tous les défis du présent. Le passage aux expérimentations pratiques a lieu dans les années 1960, une grande exposition sur les piles à combustible est alors organisée au Palais de la Découverte à Paris. La pile à hydrogène prend en effet son essor lors de « la crise énergétique » des années 1970 qui a ravivé l'intérêt pour les recherches sur ce sujet, comme moyens de substitution pour les transports. À l'époque il s'agissait surtout de réduire la

---

[6] Nicolas Simoncini, « Le développement des recherches sur les piles à combustible en France à la fin des années cinquante : analyse de la construction historique d'un engouement technologique », *Technologie et Innovation*, Volume 4, 2019 ; Nicolas Simoncini, « Les piles à combustible », in Face à la puissance, op. cit., p. 275-285 ; N. Simoncini, « Histoire de la recherche sur les piles à combustible en France des années soixante aux années quatre-vingt », Thèse d'histoire des sciences et techniques, UBFC, 2018.

dépendance au pétrole ; c'est aussi dans ce contexte que s'opère le passage de la pile à « combustibles » au pluriel à la pile à hydrogène en lien avec l'essor du nucléaire qui pourrait y trouver un nouveau débouché. Un nouveau paradigme émerge alors concernant la production d'hydrogène par voie nucléaire, via l'électrolyse ou la décomposition thermique de la vapeur d'eau, dans un contexte d'explosion de la production d'électricité d'origine nucléaire après le plan Messmer. En France, l'hydrogène est étroitement liée à l'essor de l'électricité nucléaire, dont elle est une sorte de complément, à une époque où les autorités inventent le thème des transitions énergétiques comme réponses aux défis environnementaux.

Dès cette époque, comme aujourd'hui, électricité et hydrogène devaient offrir des outils et levier d'action pour engager une transition socio-énergétique et découpler la consommation d'énergie de ses rejets polluants. Pourtant, comme l'a bien montré Jean-Baptiste Fressoz, cette idée de transition est un leurre qui véhicule une image tronquée du changement socio-historique polarisée par une vision linéaire du temps, marquée par des âges successifs : après celui du charbon, puis du pétrole, voire du nucléaire, viendrait celui des « énergies dites renouvelables », alors même que notre époque n'a jamais autant utilisé de pétrole et de charbon. L'évolution du capitalisme industriel est bien plus fondée sur l'addition successive des sources d'énergie que sur leur remplacement et leur substitution, l'exploitation des combustibles se déplaçant dans l'espace et dans ses usages, rendant parfois invisible le fait que nous sommes aujourd'hui plus que jamais dans l'ère des énergies fossiles. Le grand récit progressiste rassurant que véhicule le thème de la transition énergétique, sur lequel surfent aujourd'hui les promoteurs de la « solution hydrogène », est démenti par l'histoire qui montre combien c'est l'addition successive des sources d'énergie, des types de combustible, qui l'emporte bien plus que leur substitution. Comme l'écrit encore Jean-Baptiste Fressoz, « le problème de la "transition énergétique" est qu'elle projette un passé qui n'existe pas sur un futur qui reste fantomatique[1] ». Par ailleurs, le thème de la transition tend à surestimer les enjeux techniques – très sensible dans les politiques et discours publics actuels qui traduisent presque systématiquement « transition » par « investissements dans les innovations et la recherche technologique » – en minorant sans cesse les enjeux socio-économiques et en particulier la question des inégalités : focalisée sur le changement climatique, elle tend ainsi à occulter l'ampleur des transformations qui seraient nécessaires pour réduire les destructions en cours, qu'elles soient sociales, culturelles ou environnementales.

Les discours actuels sur les transitions énergétiques, dont les promesses hydrogènes ne sont qu'un élément parmi d'autre, n'inaugurent pas une nouvelle trajectoire historique, ou une bifurcation, susceptible de répondre aux défis environnementaux. Ils s'apparentent plutôt à la réactivation, dans un contexte nouveau, du vieil imaginaire progressiste et futuriste né à la fin du XIXe siècle avec l'électrification. L'essor de l'électricité, fluide merveilleux et mystérieux, a en effet fait naître un puissant imaginaire alternatif et transitionniste, et une confiance enthousiaste dans le progrès technologique qui ne cesse d'être relancée depuis. Fluide connu depuis longtemps, mais qui commence à être domestiqué pour répondre à divers usages à la fin du XIXe siècle, l'imaginaire électrique prend son essor après 1881. Il était censé remplacer l'ancien monde de la vapeur en rendant possible le développement d'énergies propres et souples. L'invention de l'électricité et de ses usages, d'abord pour l'éclairage puis comme force motrice, est bien connue et a depuis longtemps retenu l'attention[2]. Contrairement

[1] Jean-Baptiste Fressoz, « Pour une histoire des symbioses énergétiques et matérielles », *Annales des mines*, n° 101, janvier 2021.

[2] Citons en particulier Thomas P. Hughes, *Networks of Power. Electrification in Western Society, 1880-1930*, Baltimore, Johns Hopkins University Press, 1983 ; *Histoire de l'électricité en France* ; tome 1 : François Caron et

aux combustibles fossiles, à l'eau, au vent, ou aux animaux, qui représentaient l'essentiel des sources d'énergie disponibles jusqu'à cette date, l'électricité n'est pas une énergie primaire, disponible dans l'environnement et directement exploitable. Elle est obtenue par transformation d'une source primaire en énergie secondaire au moyen de convertisseur. Les centrales électriques produisent ainsi de l'électricité au moyen de générateurs entraînés par des moteurs utilisant les énergies thermique (du charbon), éolienne, hydraulique ou marémotrice. L'électricité est donc d'abord un vecteur, un moyen de transporter et donc de stocker et utiliser plus facilement de l'énergie primaire, majoritairement fossile, dont elle ne sonne pas le glas, mais au contraire l'expansion.

À la fin du XIXe siècle, l'électricité a eu un impact immense et semblait ouvrir un vaste champ des possibles en annonçant de multiples révolutions politiques, sociales ou écologiques. Mais elle masque les nuisances plus qu'elle ne les fait disparaître, puisqu'il est désormais possible de séparer les lieux de production et de consommation, en repoussant et en rendant invisible leurs conditions de production. Cette caractéristique est essentielle et représente depuis l'origine la force et la principale faiblesse du fluide électrique : « devant l'électricité, nous sommes comme des nourrissons qui sucent le lait de leur nourrice, sans savoir comment elle est faite à l'intérieur » observait avec justesse l'ingénieur et écrivain italien Carlo Gadda au milieu du XXe siècle[1]. L'hydrogène présente les mêmes caractéristiques imaginaires et socio-politiques : elle véhicule des représentations miraculeuses et prophétiques alors que ses dimensions très matérielles restent obscures. À ses débuts, l'électricité semble se prêter à une grande diversité d'usages. Beaucoup y voient l'occasion de rompre avec les

Fabienne Cardot (dir.), *Espoirs et conquêtes (1881-1918)* Paris, Fayard, 1991.

[1] Carlo Gadda, « L'homme et la machine », in *Les années vers la chartreuse*, trad.par Jean-Paul Manganaro, Paris, Christian Bourgois, 2002, p. 109.

lourdes trajectoires des énergies fossiles tout en accroissant considérablement la force disponible. De fait, le moteur électrique a contribué, au moins dans certains secteurs – comme la ganterie grenobloise ou la rubanerie stéphanoise –, à retarder la concentration en usine, tout en redonnant une nouvelle jeunesse aux anciennes sources naturelles comme l'eau et le vent. L'électricité est également promue comme une solution aux impasses produites par les énergies dominantes comme le charbon, déjà bien connu et dénoncé au XIXe siècle, et un moyen de développer de nouvelles ressources, propres et sûres. Le thème de la « fée électricité » envahit ainsi les sociétés industrialisées dès la fin du XIXe siècle, même si ses usages se cantonnent d'abord aux villes et aux classes supérieures[1]. C'est surtout dans les années 1880 que l'électricité démontre sa supériorité sur les autres systèmes. De nombreuses innovations l'utilisent ensuite pour communiquer, se déplacer, ou faire fonctionner des moteurs. Présentées en grande pompe lors de l'exposition internationale de l'électricité de Paris en 1881, elles semblent permettre de s'affranchir des contraintes matérielles héritées de l'âge de la vapeur en inaugurant une transition vers un monde plus égalitaire et propre.

À ce titre, le moteur électrique est promu par de nombreux auteurs comme une innovation miraculeuse, qui annoncerait la fin de l'ancien capitalisme thermo-industriel et sa noirceur. Les écrits à la gloire de l'électricité – qui lancent véritablement le genre de la science-fiction – prolifèrent à la fin du XIXe siècle, en faisant dès l'époque le lien avec l'hydrogène pensé comme un sous-produit de la nouvelle société électrique. En 1874, dans son roman *L'Île Mystérieuse*, Jules Verne annonce cette promesse via la figure de l'ingénieur Cyrus Smith. Discutant de l'épuisement du charbon, ce dernier propose d'utiliser « l'eau décomposée en ses éléments constitutifs (...) sans doute, par

[1] Sur les discours de promotion et les mythologies électriques avant 1914, voir Alain Beltran et Patrice Carré, *La Vie électrique. Histoire et imaginaire (XVIIIe-XXIe siècle)*, Paris, Belin, 2016.

l'électricité... » pour répondre aux besoins énergétique croissant. Il ajoute : « je crois que l'eau sera un jour employée comme combustible, l'hydrogène et l'oxygène qui la constituent, utilisées isolément ou simultanément, fourniront une source de chaleur et de lumière inépuisables et d'une intensité que la houille ne saurait avoir (...) L'eau est le charbon de l'avenir. » Le roman *Dans mille ans*, dans lequel l'auteur Émile Calvet transporte le lecteur dans le Paris de 2880, présente quant à lui un monde où tout est devenu électrique alors que la production a été assainie. D'ailleurs, fait-il dire à un physicien, « il n'est permis à personne de fixer des limites aux progrès des applications de l'électricité[1] ». Certains théoriciens anarchistes font également de l'électricité le support technique de la république d'artisans et de petits entrepreneurs qu'ils appellent de leurs vœux. Pierre Kropotkine prône ainsi l'usage de l'électricité afin de réaliser son utopie des communes autogérées et autosuffisantes[2].

Pour de nombreux auteurs, l'utilisation du petit moteur électrique doit maintenir le travail à domicile et éviter la concentration des ouvriers dans des usines de plus en plus gigantesques, ralentir l'exode rural, ou retenir les femmes au foyer. Pourtant, le rendement de la première centrale électrique, mise en service le 4 septembre 1882 par Thomas Edison à Manhattan, qui fonctionne au charbon est très faible. Et un peu partout, les centrales électriques provoquent des controverses, et de vifs débats. Bien des usines électriques montées à l'époque expérimentent des difficultés, d'ordre administratif ou technique, des résultats financiers insuffisants et peinent à intéresser les capitaux. Par ailleurs les riverains des premières usines ne tardent pas à protester et à dénoncer les fumées et

[1] Émile Calvet, *Dans mille ans*, Paris, Delagrave, 1884, p. 277.

[2] José Ardillo, *Les Illusions renouvelables. Énergie et pouvoir : une histoire*, Paris, L'Échappée, 2015 ; Alexandre Fernandez, « De l'illusion "post-mécaniste" à l'illusion "post-industrielle" », *L'Homme & la Société*, vol. 193-194, n° 3, 2014, p. 137-152.

pollutions. Le thème de l'électricité propre, de la « houille blanche », et tous les éléments si caractéristiques de l'imaginaire électrique, sont adoptés dans la presse et par les promoteurs du nouveau vecteur énergétique pour répondre à ces doutes et critiques en multipliant les promesses. L'invention par Nikola Tesla du courant alternatif permet ensuite de transporter le courant électrique à bien plus grande distance que le courant continu, et donc de limiter le nombre de centrales nécessaires tout en les éloignant et en les concentrant toujours plus loin. Les espoirs mis dans l'accumulateur, le courant continu et la faible tension cèdent rapidement la place aux macrosystèmes électriques fondés sur l'édification de vastes lignes à haute tension et la concentration accrue, refermant les possibilités de décentralisation envisagées dans un premier temps[1].

La trajectoire d'Aristide Bergès illustre bien les nombreux espoirs suscités par le nouveau système électrique. Cet ingénieur progressiste, qui exploitait les hautes chutes d'eau près de Grenoble pour actionner les machines de sa papeterie, est l'un des premiers à utiliser le potentiel industriel de l'électricité d'origine hydraulique tout en inventant et promouvant l'expression « houille blanche[2] ». À l'exposition universelle de 1889 à Paris, il présente une turbine de deux mètres de diamètre portant l'inscription : « Exploitation de la Houille Blanche ». Dans le tract qu'il distribue à cette occasion, il annonce que, désormais, « les glaciers des montagnes peuvent, étant exploités en forces motrices, être pour leur région et pour l'État des richesses aussi précieuses que la houille des profondeurs. Lorsqu'on regarde la source des milliers de chevaux ainsi obtenus et leur puissant service, les glaciers ne sont plus des glaciers ; c'est la mine de la houille blanche à

[1] Alain Gras et Sophie Poirot-Delpech, *Grandeur et dépendance*. Sociologie des macro-systèmes techniques, Paris, PUF, 1993, p. 75 *et passim*.
[2] Louis André, *Aristide Bergès, une vie d'innovateur. De la papeterie à la houille blanche*, Grenoble, Presses universitaires de Grenoble, 2013.

laquelle on puise, et combien préférable à l'autre ». Aux États-Unis, les premières installations de turbines hydrauliques d'importance ont lieu en 1886 avec l'équipement des chutes du Niagara. L'électricité annonce de nouvelles façons, plus rentables, d'exploiter les anciennes sources d'énergie dites « naturelles ». Elle doit remplacer les anciennes machines à vapeur sales et élargir l'accès à l'énergie. Partout, la domestication de l'électricité pour des usages industriels et domestique est censée éliminer les anciens carburants fossiles comme le charbon, et annoncer un avenir radieux fait d'énergie douce et renouvelable.

En France, les départements ruraux disposant d'un riche passé en terme d'équipements hydrauliques, comme la Côte-d'Or, devaient ainsi trouver de nouveaux débouchés aux anciennes roues hydrauliques en les équipant de turbines censées produire une énergie électrique « verte », souple et bon marché[1]. Mais la production locale se révèle vite trop limitée pour répondre aux besoins et aux promesses. Rapidement, on cherche hors du département des sources d'énergie plus abondantes et plus économiques. Il s'agira principalement du charbon des houillères de Saône-et-Loire (Epinac, Montceau) et, dès 1910, des réseaux 10 kV se développent aux limites sud du département. La petite production hydraulique locale laisse alors la place à de puissantes centrales arrimées aux bassins miniers, à l'image de la centrale thermique de Lucy. La centrale thermique des Mines de Blanzy voit sa puissance augmenter en 1906 puis 1908. Mais très rapidement elle s'avère à nouveau insuffisante au fur et à mesure de l'essor de la demande. Dès 1915 la décision de construire une seconde centrale électrique est adoptée. Les travaux débutent en août 1917. Lors de la mise en service en janvier 1919, la centrale est équipée de douze

[1] P. Barbier, « Cent ans d'électricité à Dijon et en Côte d'Or », Bulletin d'histoire de l'électricité, n° 10, 1987, Id., "Les débuts de la réglementation technique concernant les réseaux électriques (1884-1914)", Bulletin d'histoire de l'électricité, n° 12 1988, p. 35-59.

chaudières à grilles et deux turboalternateurs d'une puissance totale de 10 000 kW. Elle visait plusieurs objectifs : développer l'utilisation de l'électricité dans les travaux de la mine, utiliser les charbons de mauvaises qualités et donc difficilement commercialisables à l'extérieur, et fournir en quantité suffisante la Cie Electrique de la Grosne pour la consommation extérieure à la mine (en 1927 cela représente 1/3 de la production d'électricité). Si pour le transport c'est le pétrole qui s'est imposé, pour produire l'électricité censée être propre ce sont de plus en plus de grosses centrales approvisionnant le macro-réseau électrique en brulant du charbon qui l'a emporté malgré les discours et promesses annonçant l'avènement d'une énergie propre.

Le choix de l'électricité déplace en effet plus qu'elle ne le réduit le niveau des émissions : si elle libère certains sites, électrifiés, de leurs lourdes fumées, elle les transfère aux endroits où les générateurs sont installés[1]. Loin d'avoir renversé le capitalisme polluant, l'électrification a étendu son champ d'action et son emprise, rendue invisible ses nuisances, sans diminuer le recours global aux énergies fossiles et leur émission de CO2. Il y a fort à parier que les actuelles promesses hydrogènes ne rejouent ces expériences passées, prolongent les impasses énergétiques du XXe siècle, bien plus qu'elles ne les subvertissent ou ne les abolissent comme ne cessent de l'annoncer ses promoteurs.

---

[1] F. Jarrige, T. Le Roux, *La contamination du monde. Une histoire des pollutions à l'âge industriel*, Paris, Le Seuil, 2017.

Chapitre VI
La Troisième Révolution industrielle entre songes et mensonges ?

Retour sur la Troisième Révolution Industrielle
de Jeremy Rifkin

Louis Lasnon – Etudiant en Master GREEN,
Dpt de sociologie, Université de Caen

« C'est une triste chose de songer que la nature parle et que le genre humain n'écoute pas.[1] » À travers cette citation de Victor Hugo, pourtant écrite en 1832, nous pouvons comprendre toute l'immensité de l'erreur de l'homme moderne. De fait, nous pouvons constater chaque jour que la nature tente de nous avertir. Evidemment, nous donnons un certain intérêt à de nombreux phénomènes climatiques tels les incendies en Australie au début de l'année 2020, le cyclone Dorian venant dévaster les Bahamas ou encore, si l'on remonte plus dans le temps, l'ouragan Katrina, mais ce dernier n'est que partiel et éphémère en tant que notre réponse à ces catastrophes naturelles tend plus du côté de l'aide financière et morale pour les victimes que vers un véritable questionnement durable sur notre impact sur la planète. Nous percevons les signaux, mais nous n'écoutons pas. En vue de parvenir aux objectifs de l'accord de Paris, autrement dit limiter la hausse de la température à 2 °C d'ici à 2100, il faudrait alors que les

[1] Victor Hugo, *Oeuvres complètes*, volume 35, Éditions Rencontre, Lausanne, 1968,p.145

émissions de dioxyde de carbone connaissent une réduction de moitié[2]. L'ensemble de la planète tend à se réchauffer et les records de températures ne cessent d'être battus. Par exemple, nommons l'année 2018 qui fut l'année la plus chaude jamais enregistrée en France, ou encore l'année 2016 qui, elle, fut l'année la plus chaude jamais enregistrée sur Terre. En juin 2019, l'Inde a connu des températures dépassant les 50 °C, venant ainsi nous questionner sur cette évolution inquiétante des températures. Toujours en 2019, la France a connu pour la première fois de son histoire une température de 45 °C[3]. Notre quête d'une abondance infinie, au fil des siècles, ainsi que la religion de la croissance n'ont fait qu'utiliser massivement l'énergie ainsi que les matériaux disponibles entraînant leur raréfaction. Alors même que l'énergie nucléaire ainsi que les énergies renouvelables se sont développées, les énergies fossiles persistent à être la source d'énergie principale dans le monde[4]. Dans notre société ultra-connectée où la rapidité est devenue le maître mot, tout est en passe, si ce n'est déjà le cas, d'être dématérialisé transformant ainsi la société toute entière en gouffre énergétique. Tout ce que nous consommons ou utilisons aujourd'hui nécessite un apport toujours plus important d'énergie. En outre, au fil du temps, la date à laquelle les êtres humains commencent à vivre à crédit - trouvée grâce à l'ONG américaine Global Footprint Network en comparant la consommation humaine en ressources naturelles et la capacité annuelle de la terre à fournir ces mêmes ressources - ne cesse de diminuer. En effet, si en 1970 cette date fatidique était le 29 décembre, en 2019 cette date a diminué jusqu'au 29 juillet. Ainsi, si nous ne nous ressaisissons pas dès maintenant,

---

[2] Gemene François et Rankovic Aleksandar, *Atlas de l'anthropocène*, Paris, SciencesPo les presses, 2019, p.42

[3] Ibid, p.44

[4] Respectivement 40%, 11,7% et 48,3% en 2019
Voir :
https://www.statistiques.developpement-durable.gouv.fr/sites/default/files/2020-07/datalab_69_chiffres_cles_enr_edition2020_juillet2020_0.pdf

l'humanité vivra bientôt à crédit le restant de ses jours[5]. Si, depuis 1972, la myriade de sommets, conférences ou encore conventions ne sont parvenus qu'à de nombreux projets pilotes sans mettre en place une réelle révolution énergétique[6], il nous faut désormais trouver la solution qui permettra de stopper non seulement l'asphyxie de la biosphère, mais également la nôtre. Tout d'abord, nous pouvons aborder les enjeux de la transition énergétique de multiples manières. Cependant, il semblerait que la manière la plus complète et facile de compréhension soit l'équation de kaya[7], du nom de l'économiste de l'énergie japonais Yoichi Kaya.

1. L'équation de Kaya, symbole de notre impact

Cette équation décompose les émissions mondiales de dioxyde de carbone en quatre composantes principales : la population mondiale (POP) ; le produit intérieur brut par habitant (PIB/POP) ; l'intensité énergétique de notre système de production de richesse, mesurée en tonne équivalent pétrole (TEP/PIB) ; le dioxyde de carbone émis par unité d'énergie utilisée (CO2/TEP). Ainsi, l'ensemble des émissions de CO2 est bien la combinaison de ces quatre composantes : CO2 = POP x PIB/POP x TEP/PIB x CO2/TEP. Selon le GIEC, dans le but de renverser la tendance au réchauffement climatique, et ainsi conserver des conditions de vie acceptables pour l'ensemble des habitants, il faudrait une réduction de 50 à 75 %, d'ici 2050, des émissions de gaz à effet de serre par rapport à leur niveau de 2005[8]. Or, si l'on étudie cet objectif au regard de

---

[5] Voir à ce sujet : https://www.statistiques.developpement-durable.gouv.fr/sites/default/files/2020-07/datalab_69_chiffres_cles_enr_edition2020_juillet2020_0.pdf

[6] Jeremy Rifkin, *La troisième révolution industrielle, comment le pouvoir latéral va transformer l'énergie, l'économie, et le monde,* Paris, Les liens qui libèrent, 2011, p.55

[7] Équation popularisée en France par Jean-Marc Jancovici

[8] Franc Pierre-Etienne, Mateo Pascal, *Hydrogène : la transition énergétique en marche !* ,Gallimard, 2015, p.68

l'équation de kaya, il faudrait alors une division par deux, voire trois ou quatre, de l'une des quatre composantes de cette dernière. S'il est évident que nous ne pouvons pas envisager de réduire la population mondiale, puisque l'on prévoit entre neuf et dix milliards d'habitants à l'horizon 2050[9], une stabilisation du produit intérieur brut par habitant semble tout aussi compromis. Qu'en est-il de l'intensité énergétique ? Afin de parvenir à une réduction de cette intensité énergétique, il faudrait développer une croissance moins énergivore, est- ce possible à la vitesse où notre société se meut ? Il semblerait alors que la réduction des émissions de dioxyde de carbone soit la seule solution envisageable. Or, une division de ces émissions par trois ou quatre est impossible en poursuivant dans notre société fossile, il faudrait pour cela s'en remettre pleinement aux énergies renouvelables, ou encore au nucléaire pour certains[10]. Cependant, aujourd'hui, l'écologie politique ne parvient pas à mobiliser les citoyens autour d'un projet commun de société pour un avenir durable.

2. Jeremy Rifkin : stratège ou prophète ?

Profitant de cet échec, de nombreux analystes techno-scientifiques, à l'instar de Jeremy Rifkin, tentent de trouver une solution aux désastres que nous vivons, ainsi qu'à éviter ceux que nous allons potentiellement vivre. Ce dernier, afin de mettre fin aux doutes de la diminution de la production de pétrole, mais surtout pour une transition vers un développement plus soutenable composée d'une économie décarbonée, avance que la troisième révolution industrielle est non seulement nécessaire, mais urgente, voire même la seule issue de l'humanité. Depuis 2006, Jeremy Rifkin propose un scénario de développement clé-en-main auprès des entreprises, des États

---

[9]Voir :https://www.statistiques.developpement-durable.gouv.fr/sites/default/files/2020-07/datalab_69_chiffres_cles_enr_edition2020_juillet2020_0.pdf
[10] *Ibid*

notamment de l'Union Européenne. Selon lui, cette « Troisième révolution industrielle » permettrait tout d'abord de respecter, avant même de dépasser, les engagements internationaux en matière de lutte contre le réchauffement climatique. En outre, cette révolution permettrait une gestion plus durable des ressources tout en maintenant en vie l'économie, quoique sous une forme différente, après une certaine métamorphose. Finalement, cette révolution serait une réponse adéquate, si ce n'est la seule, à ce que Rifkin nomme lui-même « la facture entropique de l'âge industriel »[11]. En 2007, le Parlement européen a officiellement adopté cette vision du futur et ce choix de la troisième révolution industrielle comme réponse aux phénomènes climatiques. Il a d'ailleurs invité la Commission à le suivre afin de passer à une économie post-carbone fossile comme étant le « prochain grand projet de l'Union Européenne »[12]. En janvier 2008, la Commission européenne a proposé une législation cherchant à mettre en œuvre l'objectif « 3 fois 20 », autrement dit améliorer l'efficacité énergétique de 20 %, augmenter l'utilisation d'énergies renouvelables de 20 % ainsi qu'une réduction des émissions de gaz à effet de serre de 20 % avant 2020. Cet objectif a alors été validé par le Parlement européen ainsi que le Conseil en décembre 2008, afin d'entrer en vigueur en juin 2009, mettant ainsi en place les premières prémisses de la troisième révolution industrielle annoncée par Jeremy Rifkin. Avant un sommet du Conseil européen sur l'énergie se déroulant le 1er février 2010, le Comité Environnement du parlement européen, présidé par Jo Leinen, ainsi que les représentants des cinq principaux groupes politiques du

---

[11]Rifkin.J, *La troisième révolution industrielle*, Paris, Les Liens qui Libèrent,2012,p.42

[12] European Parliament,« Written declaration on establishing a green hydrogen economy and a third industrial revolution in Europe through a partnership with committed regions and cities, SMEs and civil society organisations », 2007

parlement se sont alliés afin de lancer un « appel pour une troisième révolution industrielle ». Le Parlement a alors envoyé une déclaration au président du Conseil, alors Herman Van Rompuy, ainsi qu'au président de la Commission, José Manuel Barroso, afin qu'ils produisent un plan législatif, auquel s'ajoute des moyens efficaces à mettre en œuvre en vue de permettre cette troisième révolution industrielle de la stratégie énergétique[13]. Cependant, alors même que nos gouvernements et représentants politiques font le choix de la troisième révolution industrielle afin de tenter de freiner le changement climatique, il semblerait que bon nombre des citoyens n'aient aucune connaissance du projet porté par Jeremy Rifkin et suivi par les divers gouvernements européens. Si beaucoup d'entre nous tombent dans un certain fatalisme face au catastrophisme écologique et face à cette nuée de chiffres venant rappeler les erreurs du passé, persistant dans le présent[14], il faut garder espoir, car de nombreux analystes comme Jeremy Rifkin cherchent la solution aux maux environnementaux. Son projet se base sur quelques grandes idées. En effet, il propose de construire en quelques années une société fonctionnant totalement grâce aux énergies renouvelables[15]. Cette véritable révolution verte aura pour terreau une économie circulaire et collaborative, sans oublier les technologies intelligentes ainsi que l'Internet de l'énergie, autrement

---

[13] Dave Keatina, « Agenda, The Week Ahead 7-13 February 2011 », ENDS Europe, 1er février 2011

[14] Voir à ce sujet : https://www.statistiques.developpement-durable.gouv.fr/sites/default/files/2020-07/datalab_69_chiffres_cles_enr_edition2020_juillet2020_0.pdf

[15] Rifkin Jeremy, *La troisième révolution industrielle*, Paris, Les Liens qui Libèrent, 2012

appelé Hydronet[16]. C'est la convergence des différentes technologies de la communication et des énergies renouvelables qui ont donné naissance à cette idée de troisième révolution industrielle. C'est grâce à la communication distribuée, permise grâce aux nouveaux moyens de communication, et à sa rencontre avec les nouvelles énergies distribuées qu'une nouvelle ère pourrait voir le jour, une ère sans énergies fossiles, dans laquelle le débat sur l'énergie nucléaire n'aura plus lieu d'être du fait de l'important coût de cette énergie face aux multiples micro- centrales fonctionnant en réseau grâce aux smart grids. Ainsi, la troisième révolution industrielle repose sur la fondation d'un système distribué de production et de distribution d'énergies renouvelables qui ne seraient plus produites de façon centralisée avec la dépendance et les risques que cela entraîne, mais dans chacun de nos foyers via nos murs, nos toitures, etc. en récupérant l'énergie photovoltaïque ou encore grâce à nos fondations en récupérant l'énergie géothermique. Mais, ce nouveau mode de production et de distribution de l'énergie ne serait rien sans une capacité à stocker une partie de cette énergie sous la forme d'hydrogène et la redistribuer de manière décentralisée grâce à un réseau intelligent. Ainsi devrait naître l'ère du capitalisme distribué dans laquelle les entreprises déjà existantes, les nouvelles entreprises ainsi que l'ensemble des individus travailleront ensemble en tant que producteur d'énergie. Cette nouvelle ère devrait permettre la création de millions d'emplois, nommés « emplois verts » permettant ainsi une explosion de la productivité sans connaître les mêmes inconvénients qu'ont connu les révolutions industrielles précédentes. Si la première révolution industrielle avait pour fondement la

[16] Rifkin Jeremy, *La nouvelle société du coût marginal zéro : L'internet des objets, l'émergence des communaux collaboratifs et l'éclipse du capitalisme*, Paris, Les Liens qui Libèrent, 2016

matrice charbon/imprimerie, et la seconde révolution industrielle la matrice pétrole/réseaux électriques, la troisième révolution industrielle est basée sur cinq piliers, nécessairement construit en même temps, évoluant au même rythme, et fonctionnant en parfaite synergie afin de ne pas voir le tout s'effondrer[17].

3. Les cinq piliers de la troisième révolution industrielle : requiem pour un « capitalisme vert ».

Le premier de ces piliers annonce la fin des énergies carbonées et le développement des énergies renouvelables. Ensuite, le second pilier annonce la métamorphose des bâtiments et infrastructures en micro-centrales électriques capables de collecter, *in situ*, les énergies renouvelables entraînant une décentralisation de la production énergétique puisque nous pourrions désormais produire notre énergie, dans notre propre foyer, nous transformant ainsi en ce que Rifkin nomme des *prosommateurs*[18]. Mais, alors que ces énergies renouvelables sont intermittentes, comment les stocker ? C'est l'objet du troisième pilier. Selon ce pilier, nous devrions installer dans ces mêmes bâtiments des technologies hydrogène afin de stocker l'énergie produite *in situ*. Rifkin et son équipe rêvent même au nouveau rôle que pourraient avoir les batteries des véhicules dans le stockage, mais aussi le transport de l'énergie. En effet, selon son constat, puisque les véhicules ne sont utilisés, en moyenne, que 4 % du temps[19], il serait intéressant de les utiliser comme stock itinérant d'énergie

---

[17] Jeremy Rifkin, , « Un nouveau récit » in *La troisième révolution industrielle, comment le pouvoir latéral va transformer l'énergie, l'économie, et le monde,* Paris, Les liens qui libèrent, 2011

[18] Rifkin Jeremy, *La nouvelle société du coût marginal zéro : L'internet des objets, l'émergence des communaux collaboratifs et l'éclipse du capitalisme,* Paris, Les Liens qui Libèrent, 2016

[19] Jeremy Rifkin, *La troisième révolution industrielle, comment le pouvoir latéral va transformer l'énergie, l'économie, et le monde,*Paris, Les liens qui libèrent, 2011,p.92

pouvant distribuer cette dernière sur son passage. Mais alors, comment ce véhicule, mais également ces bâtiments, pourraient-ils vendre leur surplus d'énergie, en distribuer, ou même en importer ? Le quatrième pilier apporte la solution. Selon ce dernier, il faudrait, en s'inspirant d'Internet, développer des smart grids permettant de connecter les réseaux énergétiques et électriques entre eux. Ainsi, chaque individu pourra alors devenir le producteur de l'énergie qu'il consomme, mais aussi se transformer en véritable entrepreneur afin de vendre, sur le réseau intelligent, son surplus d'énergie au meilleur prix. En outre, puisque Rifkin prévoit le déploiement à grande échelle de l'impression tridimensionnelle dans tous les foyers, ces mêmes individus pourront produire absolument tous les biens qu'ils consomment, voire même les pièces et outils permettant de réparer l'imprimante 3D[20]. Serait-ce la fin de toute forme d'entreprise ? Pas nécessairement puisque Rifkin y voit une sorte d'IBMisation[21] des entreprises, mais aussi la ruée de tous les salariés vers les associations et entreprises de la société civile. Ainsi, Rifkin nous propose un modèle socio-technique basé sur un « capitalisme vert », mais surtout basé sur le capital social, capital le plus important, selon lui, dans la société de demain. Le cinquième et dernier élément, et pas des moindre, prévoit la transformation des flottes de transports vers des véhicules hybrides ou à pile à combustible, pour l'ensemble des véhicules motorisés. Dès lors, chaque véhicule pourra non seulement acheter, mais aussi vendre de l'électricité à travers le réseau intelligent, tout en étant informés, tout comme les individus dans leur foyer, du prix de l'électricité à tout moment, afin d'acheter, ou de vendre, au bon moment. Ainsi, vous l'aurez compris, la troisième révolution industrielle se base

---

[20] Jeremy Rifkin, « L'impression 3D : de la production de masse à la production par les masses » in *La nouvelle société du coût marginal zéro,* Paris, Les liens qui libèrent,,2014, p.135-165

[21] IBM ayant cessé la production et s'est concentré sur les services de maintenance informatique

principalement sur des vecteurs techniques et non sur un changement de comportement de chacun. Face à la magnificence d'un tel projet, mais surtout face à l'espoir qu'il nous redonne, nous sommes alors en droit de nous demander si ce projet est réalisable. Malgré la beauté d'un tel avenir, il semblerait que la troisième révolution soit parsemée d'artifices.

L'*oneiroi*[22] se serait peut-être fourvoyé…

Tout d'abord, concernant le premier pilier, nous pouvons remarquer qu'aujourd'hui les énergies renouvelables semblent balbutier entre les espoirs et les déconvenues. À en croire Pierre Papon[23], concernant uniquement les cellules solaires, nous ne devons probablement pas espérer une amélioration du rendement de ces cellules avant 2040 avec des techniques à moindre coût. Selon lui, « L'électrification croissante de l'économie est certes un objectif clef de la transition énergétique, mais elle ne peut résoudre, à elle seule, tous les problèmes que pose la décarbonation de l'énergie.[24] » Si le passage à la motorisation électrique pour les transports routiers est la solution radicale afin de mettre fin à l'utilisation des combustibles fossiles, sa progression est trop lente[25]. De plus, l'électrification est plus difficile à envisager pour les transports aériens et maritimes et le développement de cette électrification dépend alors de la mise au point de batteries à forte densité énergétique possédant une recharge rapide et à un coût plus faible qu'il ne possède aujourd'hui. De fait, deux solutions à ce problème sont envisagées : d'une part l'utilisation de méthane à base de déchets agricoles et, d'autre part, « celle de turbines à gaz couplées à un système de capture et de stockage des

---

[22] Dans la mythologie grec, les oneiroi sont des divinités personnifiant les rêves

[23] Papon, P., "Le progrès technique, clef de la transition énergétique : Quelles technologies, pour quelles filières, à quel horizon temporel ?",*Futuribles*,2020/3 (N° 436)

[24] *Ibid*, p.14

[25] *Ibid*

émissions de CO2[1] ». Cependant, ces solutions restent trop coûteuses et aucune innovation majeure n'est anticipée par les chercheurs. Ainsi, l'électrification complète de la société supposée par la troisième révolution industrielle, mais principalement de l'industrie, reste irréaliste d'ici à 2050, tant en France que dans le reste du monde. En outre, l'ensemble du système ne tiendrait pas sans l'hypothèse centrale selon laquelle les énergies renouvelables sont en passe de devenir gratuites. Or, il est le seul à annoncer une telle évolution du coût de l'énergie, renouvelable ou non. En effet, les spécialistes se rejoignent pour dire que, renouvelables ou non, les différentes énergies resteront plus ou moins chères puisque, si le vent et le soleil sont gratuit, fameux leitmotiv de l'analyse rifkinienne, les outils permettant de capter ces énergies ainsi que de les distribuer, les panneaux photovoltaïques, les éoliennes ou encore les réseaux électriques intelligents, sont composés de matériaux et de métaux rares qui sont, et qui resteront, très chers, voire d'avantage[23]. De fait, afin de produire et stocker de de l'électricité, verte ou non, il faut une quantité importante de platine pour les piles à hydrogène, de néodyme auquel on ajoute du dysprosium pour les génératrices d'éoliennes de forte puissance ou encore de voitures électriques, nous pouvons également citer le gallium, sélénium, indium ou cadmium composant les panneaux solaires à fort rendement, sans oublier les innombrables métaux rares composant les appareils électroniques qui nous ouvriront la voie vers le monde de demain[4]. Cependant, puisque nous avons exploité les gisements gisements les plus faciles d'accès et les plus concentrés, la

---

[1] *Ibid*

[2] Voir à ce sujet le prix actuel des terres rares ainsi que son évolution dans le temps : https://www.statistiques.developpement-durable.gouv.fr/sites/default/files/2020-07/datalab_69_chiffres_cles_enr_edition2020_juillet2020_0.pdf

[3] Gadrey Jean, « Jeremy Rifkin, l'Internet des objets et la société des Barbapapa », *alternatives économiques*,28/09/2014

[4] *Ibid*

qualité ainsi que l'accessibilité de ces terres rares s'appauvrissent. Il devient donc de plus en plus difficile d'accéder à certains minerais qui resteront de moins bonne qualité que les précédents que nous avons déjà utilisés. Or, puisque ces mines sont moins accessibles et moins concentrées, il faut alors utiliser beaucoup plus d'énergie puisqu'il faut remuer encore plus de « stériles », autrement dit les résidus miniers, mais aussi puisque la profondeur de ces mines entraîne certaines contraintes comme le refroidissement ou encore la mécanisation[1]. En effet, on estime qu'entre 8 % et 10 % de l'énergie primaire mondiale, majoritairement d'origine fossile, est d'ors et déjà utilisée pour l'extraction et l'utilisation des minerais qui seront transformés en métaux[2]. Cependant, la consommation de terres rares et, par suite, leur production, ne sont pas près de diminuer. Par exemple, la production de terre rare de la Chine, premier pays producteurs de cette denrée, est passée de 130 000 tonnes d'oxydes de terres rares en 2010 à 132 000 tonnes en 2019 et les Etats-Unis sont passés d'une production de 800 tonnes d'oxydes de terres rares en 2012 à 26 000 tonnes en 2019[3]. Dès lors, nos besoins en énergie impliquent d'extraire toujours plus de métaux et cette action nécessite elle-même toujours plus d'énergie. Or, ces métaux composant en grande partie les différents capteurs d'énergie renouvelable, il semblerait que toute abondance énergétique soit improbable. En effet, il reste fort probable que toute intention de déploiement des énergies renouvelables, des voitures électriques ou encore des batteries de stockage va devoir faire face, tôt ou tard, à une raréfaction des ressources minières ou, au mieux, à une augmentation du coût de ces

[1] Bihouix, P., "Pénurie des ressources : tabou pour l'industrie", *Revue Projet*, 2015/6 (N° 349)

[2] *Ibid*

[3]https://www.statistiques.developpement-durable.gouv.fr/sites/default/files/2020-07/datalab_69_chiffres_cles_enr_edition2020_juillet2020_0.pdf

ressources[1]. Dès lors, les métaux rares viennent remplacer le pétrole en tant qu'élément nécessaire à la fabrication, et à l'utilisation de bon nombre de nos appareils de demain, supposés plus verts. Ainsi, si nous développons toujours plus les énergies renouvelables ainsi que leurs nécessaires appareils dans notre quotidien, nous pourrons certes mettre fin à l'utilisation intensive du pétrole, mais pour mieux la remplacer par celle des métaux rares qui deviendront indispensables dans le monde de demain. Finalement, les énergies renouvelables n'ont de renouvelables que le nom puisque, qu'importe la source énergétique, aucune n'est totalement propre, particulièrement si c'est pour produire autant de puissance qu'avant, si ce n'est plus, et pour ne rien modifier à la consommation ou au rapport que nous avons avec l'énergie[2]. En outre, concernant la virtualisation de l'énergie et de son commerce, permettant à tout un chacun de devenir son propre producteur d'énergie, cette solution ne ferait que repousser le problème de pollution. De fait, comme le montrent Fabrice Flipo, Michelle Dobré et Marion Michot[3], si l'information virtuel permet de la néguentropie, autrement dit une augmentation des mises en relation, elle est tout de même responsable, analogiquement à l'aviation, de 2 % des émissions globales. Ainsi, si les nouvelles technologies et surtout la dématérialisation de tout, y compris de l'énergie et de ses échanges, semblent être magiques et enviables, car ne laissant aucune trace, il ne faudrait tout de même pas occulter l'ensemble de leur mise en place, partant de l'extraction des minerais nécessaires à la composition des nombreux appareils nécessaire à cette dématérialisation énergétique, jusqu'au

[1] Bihouix, P., "Pénurie des ressources : tabou pour l'industrie", *Revue Projet*, 2015/6 (N° 349)

[2] Jarrige François et Vrignon Alexis, *Face à la puissance. Une histoire des énergies alternatives à l'âge industriel*, Paris, La Découverte, 2020

[3] Fabrice Flipo, Michelle Dobré, Marion Michot, *La face cachée du numérique. L'impact environnemental des nouvelles technologies*, Montreuil, L'Échapée, 2013

recyclage de ces mêmes composantes. Si bon nombre d'entre nous comprenons les nouvelles technologies ainsi qu'Internet comme un phénomène venant tout dématérialiser, ces technologies possèdent bel et bien un impact physique. Effectivement, ce monde du numérique nécessite de nombreux appareils, notamment des centres de données ainsi que des sites de stockage regroupant un grand nombre d'appareils énergivores afin de faire fonctionner l'ensemble du système. En plus de leur alimentation permanente en énergie, ces appareils doivent en permanence être climatisés, entraînant ainsi une augmentation de la consommation énergétique. Selon les estimations, nous pouvons retenir qu'un seul centre de données représente la consommation énergétique de quatre mégawatheures, soit environ la consommation énergétique de 3000 foyers aux Etats-Unis[1]. Si l'on regarde leur consommation énergétique à l'échelle mondiale, ces centres de données représentent 1,5 % de la consommation électrique, autrement dit la production de 30 centrales nucléaires[2]. Si la troisième révolution industrielle se réalise, ainsi que sa dématérialisation de l'énergie et de son commerce, nul doute que la note sera plus salée puisque les centres de données et autres appareils énergivores vont nécessairement voir leur nombre augmenter. Il faudrait bien sûr prendre en compte, en plus de tout cela, la quantité astronomique de déchets produit annuellement par les nouvelles technologies, qui s'élevait déjà à 40 millions de tonnes en 2009[3], ainsi que les différentes pollutions que ces appareils engendreront autour d'eux. Ainsi, si la dématérialisation de l'énergie semble enviable au premier abord, il semblerait que cette solution ne ferait qu'aggraver la situation en l'état actuel des choses. Bien loin de faire partie de la solution aux maux climatiques, il semblerait plutôt que les TIC fassent parti du problème de pollution.

---

[1] www.datacenterknowledge.com

[2] « Data centers, la donnée écolo », Libération, 14 avril 2013

[3] PNUE/StEP, *From e-Waste to Ressources,* 2009,p.1

4. Les bâtiments à énergie positive : clé de l'urbanisme de demain ?

Les bâtiments à énergie positive ou à faible consommation d'énergie sont eux aussi problématiques puisqu'ils possèdent des équipements composés d'outils électroniques, comme des capteurs ou encore des micro- moteurs pour les volets électriques, composés en grande partie de terres rares. Idem pour les fabuleux smart grids, sans oublier la menace qu'ils peuvent représenter sur la protection des données privées, chaque élément de notre vie devenant toujours plus public. En outre, nombreux sont les bâtiments qui ne pourront jamais connaitre une modernisation voulue par les nombreux analystes puisqu'ils n'ont jamais été construit pour cette raison, preuve en est des nombreux bâtiments classés ou faisant partie de notre patrimoine historique[1]. De plus, si la troisième révolution industrielle souhaite mettre en place des éoliennes ainsi que des panneaux solaires sur les immeubles et les maisons, la réalité en sera tout autrement. En effet, les individus ayant déjà fait l'expérience des éoliennes sur leur maison ont pu se rendre compte que le vent ne souffle pas suffisamment à hauteur des maisons et qu'il est même détourné en ville à cause des nombreux immeubles[2]. En outre, le bâti de ces immeubles et maisons n'a pas été prévu pour supporter les contraintes mécaniques liées aux éoliennes. Comme le montre Bertrand Cassoret : « En supposant un facteur de charge optimiste de 25 % (le facteur de charge permet de tenir compte de l'irrégularité du vent), il faudrait environ 25 millions d'éoliennes individuelles de 2 kilowatts (kW) pour produire un peu plus de 20 % de la consommation actuelle d'électricité française (la consommation annuelle nette est d'environ 450 térawatts-heure (TWh)) ; celle-ci représentant elle-même moins

[1] Philippe Bihouix, *L'âge des Low Tech. Vers une civilisation techniquement soutenable*,Paris, Seuil, 2014,p.73

[2] Bourg Dominique,Sinaï Agnès,Kempf Hervé, et al., «"La Troisième Révolution» de Rifkin n'aura pas lieu", *Libération*, 21/10/2014

de 25 % de la consommation d'énergie totale.[1] » Il semblerait que la mise en place de la troisième révolution industrielle voulue par Jeremy Rifkin bute contre certains problèmes technologiques. De fait, « Il sous-entend clairement qu'en gros on va réussir à produire toute notre énergie avec nos maisons. Il suffit de faire quelques rapides calculs pour se rendre compte que ça ne tient pas la route. Équipez cinquante millions de maisons sur lesquelles on mettrait $20m^2$ de panneaux photovoltaïques, vous obtiendrez moins de 20 % de la consommation électricité française.[2] ».

L'hydrogène, la nouvelle « fée bleue » ?

La production d'hydrogène par électrolyse de l'eau est envisagée comme un moyen de conversion des surplus de production des énergies renouvelables en hydrogène afin de stocker l'énergie produite et transportable grâce au réseau de gaz naturel. Actuellement, le faible coût du gaz naturel rend la solution de l'hydrogène électrolytique économiquement peu fiable. Dans des cas extrêmes dans lesquels il est impossible, sinon trop coûteux, d'alimenter des zones non interconnectées en combustibles fossiles[3], et en fonction du prix du litre de diesel ainsi que du niveau d'ensoleillement, le stockage de l'électricité par le biais de l'hydrogène reste moins coûteux et la solution la plus efficiente d'un point de vue écologique face aux transports d'hydrocarbures par voie maritime ou, principalement, aérienne[4]. Finalement, puisque les progrès dans le domaine de l'hydrogène sont relativement lents, il est donc impossible de prévoir une percée significative dans les

[1] Cassoret Bertrand, "Jeremy Rifkin plaît beaucoup, mais il maîtrise mal ce dont il parle", *Nouvel Obs*, 18/11/2016

[2] « Retour critique sur Jeremy Rifkin, la 3ème révolution industrielle, le master plan en Région... », Émission « Tumultes » du 03/12/13

[3] Fabien Bricault et al., *L'hydrogène décarboné. Un défi pour la transition énergétique*, Paris, Lavoisier, 2019,p.141

[4] *Ibid*

quelques années à venir puisque le Réseau de transport d'électricité (RTE) estime que la solution du stockage de l'électricité grâce à l'hydrogène ne serait pas rentable sans une taxation importante du carbone et ne pourrait alors être utilisée qu'en 2050[1]. En outre, même si cet hydrogène utilisé demain était produit grâce aux énergies renouvelables, le processus de production de l'électricité grâce aux piles à combustible entraînerait une perte considérable d'énergie. Ce processus peut se diviser en 4 étapes : la production d'électricité excédentaire ayant pour origine l'énergie éolienne ou solaire ; la transformation de cette électricité en hydrogène grâce à l'électrolyse de l'eau ; la compression en vue de le transporter et, finalement, sa catalyse dans une pile à combustible afin de produire de l'électricité. Aucune de ces étapes n'est efficace à 100 %[2]. En effet, selon l'analyse qu'en fait Furfari, la seconde étape est efficace au mieux à 80 % alors que l'efficacité diminue à l'étape suivante pour atteindre 70 %. L'étape des piles à combustible n'est efficace qu'à hauteur de 50 %. Ainsi, « l'efficacité de la production d'électricité à partir d'électricité par l'hydrogène est donc de 0,80 x 0,70 x 0,50 = 0,28.[3] ». Pourquoi investir dans de tels appareils possédant une efficacité qui ne dépasse pas les 30 % ? Et Furfari de conclure : « cette solution du passage par l'hydrogène est un délire politiquement correct qui n'aura pas lieu, ni en 2050 ni plus tard.[4] ».

Les cinq piliers de la TRI : quelle robustesse ?

Les cinq piliers ayant pour charge de faire tenir la troisième révolution industrielle semblent bien plus fragiles qu'il n'y paraît. Même si l'un d'eux arrivait à maturité suffisante, les autres n'y arriveraient pas simultanément, rendant ainsi toute

[1] RTE, « La Transition vers un hydrogène bas carbone. Atouts et enjeux pour le système électrique à l'horizon 2030- 2035 », Paris,RTE, 2020
[2] Samuel Furfari, *L'utopie hydrogène*,Independly Pubished, 2020,p.107
[3] *Ibid*
[4] *Ibid*,p.144

synergie entre les piliers, condition *sine qua non* à la bonne mise en œuvre de la TRI, impossible. Le projet de Rifkin cherche, plus ou moins explicitement, à transformer nos modes de vie et nos façons de penser grâce aux nouvelles technologies ainsi qu'à un rapprochement avec la biosphère.

Selon le philosophe et physicien Etienne Klein, citant Albert Camus, « l'épidémie est une étrange tyrannie ». De fait, notre vie sous pandémie, principalement sociale, est devenue distanciée, quasiment anéantie. Etienne Klein stipule que ce sentiment de tyrannie provenant de cette pandémie met en lumière une forme d'aliénation et de reconfiguration de notre vie sociale, maintenant réduite à un repli dans un espace réduit alors qu'en temps normal notre espace ne comportait aucune limite. Avant le confinement et la pandémie, notre espace n'avait effectivement aucune limite et se développait sur plusieurs pôles : « D'ordinaire… » précise Etienne Klein, « notre vie se répartit sur différents pôles – professionnel, familial, amical, social – que chacun d'entre nous pondère comme il peut ou comme il veut. Mais en période de confinement, cette pondération se trouve reconfigurée, pour le meilleur ou pour le pire. Nous nous retrouvons mariés de force, en quelque sorte, avec nous-mêmes, obligés d'inventer une nouvelle façon de nous sentir exister, d'être au monde et d'être avec les autres. Et au fur et à mesure que les semaines passent, constatant la liste interminable des bouleversements radicaux qu'induit le petit coronavirus, nous éprouvons le sentiment de ce qu'Antonin Artaud appelait une « espèce de déperdition constante du niveau normal de la réalité ». Le normal se laisse contaminer par l'anormal qui, du même coup, devient peu à peu la norme[1]. » Après le confinement, mais toujours dans une vie sous pandémie, la seule façon de récupérer un semblant de vie du passé est de passer par l'attirail technique mis à notre

[1] Klein Etienne, « Avec le confinement, notre espace-temps est chamboulé », *Fondation Maif pour la recherche,* 12/05/20

disposition afin de combattre le virus et cette vie sociale distanciée.

De la même manière que le vaccin ou encore les applications développées afin d'éviter qu'autrui ne nous contamine paraissent être les seules solutions afin de retrouver notre vie sociale, le « solutionnisme » ne mise plus que sur une solution technique unique afin de stopper, si ce n'est seulement ralentir, l'asphyxie de la planète due aux dérèglements climatiques, plutôt que d'envisager diverses autres options, mais plus difficiles à *imaginer*, comme la décroissance énergétique mondiale et donc la décroissance économique.

Chapitre VII
Transition et équilibre des droits

Laure ABRAMOWITCH - Avocate, chercheur associé
CREDESPO, Université de Bourgogne Franche-Comté

1. Le régime juridique de l'hydrogène

L'hydrogène ayant longtemps été utilisé comme une matière première dans les procédés chimiques ou pétrochimiques, son régime juridique comme vecteur énergétique est demeuré longtemps inexistant.

C'est donc uniquement dans le cadre industriel que l'activité de production d'hydrogène a été inscrite dès le début du XXème siècle au sein de la nomenclature des installations classées pour la protection de l'environnement (ci-après ICPE), pour encadrer des activités de production et stockage d'hydrogène en grande quantité. Le régime juridique de la filière hydrogène est donc longtemps resté figé et limité à une application très spécifique.

Mais la libéralisation du secteur, la décentralisation de cette politique publique, la promotion des énergies renouvelables et la possibilité de stocker de l'énergie, ont contribué au développement de technologies de production et de consommation de l'hydrogène, qui ont rendu ce cadre juridique inadapté.

Par exemple, ce n'est que l'ordonnance du 18 février 2021 qui a défini les différents types d'hydrogène : renouvelable, bas carbone et carboné et prévoit la mise en place de deux systèmes de traçabilité de l'hydrogène bas carbone ou renouvelable.

La production et le stockage d'hydrogène sont donc désormais soumis à la nomenclature ICPE, sous le régime de la déclaration ou de l'autorisation selon la quantité. Dès lors qu'une installation de production ou de stockage de l'hydrogène relève du régime de l'autorisation, cette dernière ne peut être délivrée qu'après que le maitre d'ouvrage ait déposé un dossier contenant un certain nombre d'impératif parmi lesquels une enquête publique.

2. Le principe de participation

En droit de l'environnement, la participation des citoyens est une histoire ancienne. Les premières conventions internationales (dès Stockholm en 1972) en matière d'environnement évoquent déjà le principe.

En droit français, le principe de participation a été consacré par la loi BARNIER du 2 février 1995 puis constitutionnellement par la Charte de l'environnement en 2005 :

- Article 2 : « toute personne a le devoir de prendre part à la préservation de l'environnement »,
- Article 7 : « toute personne a le droit, dans les conditions et les limites définies par la loi, d'accéder aux informations relatives à l'environnement détenues par les autorités publiques et de participer à l'élaboration des décisions publiques ayant une incidence sur l'environnement ».

Le sujet de la participation du public aux décisions et projets dans le domaine de l'environnement, même si le principe est aujourd'hui acquis, est en perpétuel mouvement. Ainsi, vendredi 19 mars 2021 le Conseil constitutionnel a pris une décision qui constatait la violation de cet article 7 de la Charte de l'environnement dans le cadre de la procédure d'élaboration des chartes d'engagement en matière d'épandage de produits phytosanitaires. Les dispositions contestées et déclarées non conformes à la Constitution visaient en effet la participation des seuls « *riverains* » au processus d'élaboration des chartes alors que le droit de participation doit être garantit à « *toute personne*[1] ».

Par ailleurs, au-delà des textes fondateurs du droit de l'environnement permettant la mise en œuvre de la participation du public, il convient de ne pas négliger le droit d'agir en justice. Ce droit doit en effet être considéré comme vecteur de l'exercice du droit à la participation en matière environnementale, comme un autre outil de la démocratie quand les mécanismes classiques sont insuffisants.

La présente contribution propose de mettre en perspective le principe de participation du public avec le maintien de la concentration des pouvoirs dans le contexte de décentralisation de l'industrie énergétique (I) et d'en appréhender les applications en matière d'hydrogène (II).

---

[1] Décision n° 2021-891 QPC du 19 mars 2021, Association Générations futures et autres (Participation du public à l'élaboration des chartes d'engagements départementales relatives à l'utilisation des produits phytopharmaceutiques).

1. Processus de participation du public dans le contexte de décentralisation de l'industrie énergétique *vs* concentration du pouvoir sur la politique énergétique

La libéralisation du secteur de l'énergie a notamment eu pour conséquence la décentralisation des centrales de production. Des unités de production d'énergie se sont ainsi développées sur l'ensemble du territoire, dans une dynamique de promotion des énergies renouvelables (ENR).

Mais la politique de développement des ENR a été particulièrement mal menée voire non réfléchie dans sa globalité, alternant un déploiement massif aboutissant à un mitage territorial, durcissement du régime juridique comme l'intégration des éoliennes à la nomenclature ICPE, bulles spéculatives, gel des tarifs d'achat d'électricité, etc. La décentralisation de l'énergie présente ainsi deux caractéristiques essentielles : elle implique l'implantation de structures plus ou moins conséquentes (un compteur Linky de 20 cm ou une installation de production sur plusieurs hectares par exemple), et cette implantation est localisée à l'échelle la plus fine du territoire puisque située soit chez les particuliers soit sur le territoire communal.

L'une des conséquences de cette décentralisation est la mobilisation des maires, en réponse aux sollicitations de leurs riverains.

1.1 L'intervention des maires au titre de leur pouvoir de police générale

En premier lieu, le remplacement des anciens compteurs EDF par les compteurs LINKY est un contentieux qui a explosé ces dernières années : avec le compteur, l'électricien entre un peu plus chez vous.

Mais le compteur Linky qui est un équipement de très petit format échappe à la nomenclature ICPE et a ainsi échappé au processus de participation du public.

Faute de processus participatif, les débats citoyens ont ressurgi dans les communes quant à l'utilisation des données personnelles et les risques pour la santé publique.

Passés les bricolages hasardeux sinon dangereux, mais signes des inquiétudes de la population, ce sont les maires qui ont été massivement sollicités par leurs habitants, pour s'opposer à l'installation de ces compteurs.

Mais systématiquement, le juge administratif a estimé que le service public de l'électricité se rattachait à la politique nationale de l'énergie et constituait un objectif d'intérêt général ayant notamment pour objet de garantir l'approvisionnement en électricité sur l'ensemble du territoire national en application des dispositions de l'article L. 121-1 du code de l'énergie. Pour le juge, les maires n'ont pas à s'immiscer dans l'exercice des pouvoirs de police spéciale de l'État[2].

En second lieu, c'est sur le terrain de la tranquillité que le Maire de la Commune de Venasque (Vaucluse) a pris un arrêté par lequel il interdisait, pour en éviter les nuisances sonores, tout fonctionnement d'une éolienne antigel. Là encore, le juge a décidé qu'un tel arrêté excédait les restrictions que le maire pouvait légalement imposer sur le fondement de ses pouvoirs de police[3].

---

[2] Pour une analyse précise, v. L. ABRAMOWITCH, La transition écologique à l'échelle communale : quelle est la place du maire ? *in* La transition écologique et les collectivités territoriales, Le Moniteur, 2019, p. 81.

[3] CAA Marseille, 6 mars 2006, *Frachisse,* n° 04MA01701. Une telle procédure ne saurait en tout état de cause se présenter de nouveau devant les juridictions dans de telles conditions, les éoliennes ayant été intégrées, depuis, à la nomenclature ICPE.

1.2. Le rôle du juge par la méthode de la théorie du bilan

Pour aider le juge à trancher les litiges dans lesquels plusieurs intérêts contradictoires étaient en présence, la jurisprudence a dégagé la méthode dite du « bilan coût-avantages » qui vise à mettre en balance les intérêts économiques, sociaux et environnementaux d'un projet litigieux[4].

Mais, depuis peu, le juge administratif est saisi d'arbitrer entre intérêts environnementaux divergents. C'est par exemple le cas dans le cadre du contentieux de l'éolien offshore, car dans ces affaires, les pétitionnaires ont obtenu des dérogations à l'interdiction d'atteinte aux espèces protégées[5] situées sur les sites accueillant lesdites installations. Or, ces dérogations ne peuvent être accordées qu'en présence d'une « raison impérative d'intérêt public majeur » au sens du code de l'environnement. La jurisprudence récente montre un positionnement du juge administratif visant à faire de l'engagement de la France dans la politique européenne de l'énergie une « raison impérative d'intérêt public majeur » qui justifie les dérogations aux atteintes aux espèces protégées[6].

Une telle jurisprudence montre une fois de plus que la transition énergétique s'opère à l'échelle nationale et européenne.

Pour autant, il ne faut pas considérer que la responsabilité des grands industriels et de l'Etat ne peut être engagée. La condamnation de Total à l'occasion de l'affaire de l'Erika en est la première démonstration[7], ainsi que les poursuites actuelles contre Total encore, mais aussi contre le groupe

---

[4] CE, 28 mai 1971, VILLE NOUVELLE EST.

[5] Article L. 411-1 c. environnement.

[6] CAA Nantes, 6 octobre 2020, n° 19NT02389.

[7] Cass. crim. 25 septembre 2012, n°10-82.938.

Casino sur le terrain de leur « devoir de vigilance ». Les associations et les collectivités n'hésitent plus non plus à engager la responsabilité de l'Etat sur le fondement du préjudice écologique[8].

1.3. La participation du public lors des enquêtes publiques

Parmi les différents mécanismes qui mettent en œuvre le principe de participation, celui de l'enquête publique est le plus ancien puisqu'il remonte à 1810. À l'époque, il visait à protéger les propriétaires concernés par une procédure d'expropriation. C'est la loi Bouchardeau de 1983 qui a créé l'enquête publique qu'on connait aujourd'hui en matière environnementale.

Elle nous intéresse tout particulièrement ici, car dans le cadre du dépôt d'une demande d'autorisation au titre de la nomenclature ICPE, qui concerne donc les projets qui présentent les plus d'impacts ou de danger pour la santé et l'environnement, une enquête publique est obligatoire.

2. Quelles applications en matière d'hydrogène ?

2.1 Le projet H2V59

Ce projet vise la création d'une usine de production d'hydrogène produit par électrolyse de l'eau, sur un terrain appartenant au Grand port maritime de Dunkerque.

Son coût dépassant les 150 millions d'euros, il était obligatoirement soumis à concertation préalable, qui vise notamment à informer le public et répondre aux questions relatives au projet.

---

[8] TA Paris, 3 février 2021, NOTRE AFFAIRE A TOUS, n°1904967 et a.

Dans ce cas précis, s'agissant de la création d'une nouvelle filière liée à la transition énergétique, la commission nationale du débat public (CNDP) a considéré que le maître d'ouvrage devait mettre en place une concertation conséquente et fouillée et a insisté pour un processus participatif de grande ampleur, s'agissant d'un « sujet de cette importance[9] ». Les garantes nommées par la CNDP dans le cadre de la concertation ont donc particulièrement insisté pour que le maitre d'ouvrage explique précisément le process industriel et la solidité de son modèle économique. Or la société H2V n'avait aucune expérience sur la concertation et avait un impératif d'urgence vis-à-vis de ses actionnaires et concurrents. C'est d'ailleurs ce qu'évoquait François Millet lors de son intervention au colloque, qui soulignait bénéficier d'une expérience de 20 ans : « on ne fait pas du processus participatif du jour au lendemain ».

Les garantes ont estimé que la participation n'avait pas été à la hauteur de l'enjeu et se sont inquiétées de son relais au niveau local et ont donc demandé au maître d'ouvrage de relancer le processus d'information et de redynamiser la concertation pour faire venir le public. Le manque de mobilisation semblerait résulter d'une part de la « forte expérience de la concertation du territoire et la grande culture industrielle des populations locales y compris chez les associations environnementales, qui provoqueraient un désintérêt chez les participants » et, d'autre part, car « Souvent, les enjeux pour le grand public se dessinent au moment où les projets se concrétisent : dès lors qu'il n'y a pas d'études mises à disposition du public sur les impacts du projet, il est difficile d'appréhender les enjeux[10] ».

2.2. Le projet d'usine de méthanisation située à Biéville

La société Agri Metha Nacre a été créée par six agriculteurs et a déposé une demande d'autorisation pour la création d'une

---

[9] Bilan des garantes 2019.

[10] Op. cit.

unité de méthanisation de 25 000 tonnes de déchets par an, provenant en majeure partie des exploitations agricoles, sur le territoire de la commune de Biéville-Beuville. Le but de cette installation est de disposer d'un digestat pour alimenter les sols de leurs terres agricoles.

S'agissant d'une autorisation délivrée au titre de la nomenclature ICPE, une enquête publique a été organisée. Pour cela, le dossier ICPE de 600 pages a été mis à disposition du public. Les visiteurs nombreux et très virulents ont déposé 209 observations, en complément d'une pétition qui avait rassemblé 5 357 signatures.

Cette forte mobilisation du public ne saurait être confondue avec un exercice effectif du droit à la participation du public qui consiste davantage ici en une mise à disposition d'études dans la perspective d'un débat qui n'est même pas contradictoire dans la mesure où les porteurs du projet sont absents du processus et que le commissaire enquêteur, loin d'être toujours expert, est censé rester neutre et rendre un avis objectif, favorable ou défavorable à la poursuite du projet.

Un arrêté préfectoral du 11 décembre 2019 a autorisé la société Agri Métha Nacre à exploiter l'unité de méthanisation. Par une requête du 17 avril 2019, un collectif de citoyen et d'associations ont saisi le tribunal administratif de Caen afin d'annuler l'arrêté et subsidiairement de le compléter. Par une décision rendue le 5 novembre 2020, le juge a estimé qu'aucun des moyens soulevés n'était susceptible de fonder l'annulation de l'arrêté attaqué. La requête a donc été rejetée.

Pour conclure, on ne peut que constater que la politique énergétique relèvera toujours des pouvoirs régaliens de l'Etat en dépit de la libéralisation.

Pour autant, la dynamique de mobilisation sans précédent offerte par l'Affaire du siècle et le positionnement du juge administratif démontrent que le droit de participation prend une forme nouvelle qui aboutit de plus en plus à l'engagement de la responsabilité des industriels et de l'Etat.

Chapitre VIII
La participation démocratique au défi du leadership

L'environnement en tant que socle de capillarité politique

Michalis Lianos – Professeur de sociologie,
Université de Rouen

La question du « leadership sans leaders[11] » émerge depuis un certain temps avec force. Elle est sociale et mondiale, car elle porte sur la réflexivité croissante autour des structures de pouvoir et de décision. Si dans les cadres autoritaires, elle s'exprime par une demande de démocratie, dans les cadres démocratiques, elle s'affirme par une critique, et souvent par une mise en question de la délégation du pouvoir décisionnel à toute sorte d'acteur, y compris à des acteurs élus. Nous vivons une crise de la représentation en tant que forme de transmission de légitimité. Les mouvements contemporains ne se contentent plus de revendications précises. Ils visent l'architecture même des systèmes de prise de décision, aussi bien dans le secteur public que dans le secteur privé. Politique et gestion semblent fusionner dans la perception des citoyens, par leur impact combiné sur le monde de l'expérience. À l'avant- garde de cette tendance, le mouvement des Gilets jaunes a récemment clarifié pour la société française le sens du hiatus entre ceux qui pensent

[11] Margetts HZ, John P, Hale SA, Reissfelder S., "Leadership without Leaders? Starters and Followers in Online Collective Action", 2015, *Political Studies*, 63(2): 278-299. doi:10.1111/1467-9248.12075

ne pas avoir assez d'influence et les leaders officiels dans chaque domaine, à savoir les diverses « élites »[1] .

1. La structuration actuelle du rapport public-privé

La pluralité de regards critiques interroge sur le plan de leur coordination. Ceux qui adhèrent au modèle existant de leadership soulignent le manque de cohérence de ces critiques en pensant qu'elles ne conduisent qu'à une cacophonie inefficace. C'est une façon très probablement obsolète de voir les choses, pour deux raisons principales. En premier lieu, la coexistence de postures plurielles dénote une maturité politique considérable, orientée vers un processus de composition à partir de la participation elle- même. La prémisse de cette pluralité est que les choses avancent même si certains désaccords persistent. La formule souvent employée par les Gilets jaunes était « de parler de ce qui nous rassemble et pas de ce qui nous sépare ». En second lieu, la représentation de la fusion opérationnelle entre le public et le privé exige une multitude d'angles pour être comprise. La mondialisation, la pénétration ubiquiste des réseaux en ligne et l'interopérabilité fonctionnelle homogène (« *seamless* ») non seulement augmentent l'interdépendance entre structures étatiques ou paraétatiques et acteurs privés d'envergure, mais ne laissent en vérité aucun doute concernant le caractère obligatoire de ce rapport.

Le secteur public intervient aujourd'hui par une gestion complète de la société. Bien au-delà de ses fonctions souveraines et de ses fonctions de « providence », l'Etat est aujourd'hui non seulement le garant ultime de toute évolution, du planétaire à l'intime, mais aussi et de plus en plus l'incitateur de l'activité du secteur privé[2]. Les initiatives traditionnelles de

[1] Lianos M., « Une politique expérientielle (IV). Les Gilets jaunes devant la jonction T », https://lundi.am/Une-politique-experientielle-IV-Entretien-avec-MichalisLianos .

[2] Ainsi, est-il totalement compréhensible qu'émerge la question d'un leadership dans le secteur public qui se fonde sur des aspects socioculturels

stimulation du marché et création d'emploi n'ont pas pu éviter l'inexorable avancée vers une société incertaine qui a moins besoin de travail[1]. Ainsi, nous sommes arrivés à partir des années 1990 aux partenariats de plus en plus fréquents entre public et privé et le gouvernement décloisonné (« *joined-up government* ») pour aboutir aujourd'hui aux omniprésentes agences de développement, incubateurs, accélérateurs, et les plus récentes structures de stimulation destinées à la plus grande proximité, telles que les Living Labs, les Fab Labs et autres structures de coworking portées vers l'ouverture et l'innovation[2]. Ces « tiers lieux » à la recherche de « makers » sont délégués à la quête de l'innovation ouverte à tous en tant que levier d'avancée technique et économique dans un cadre d'inclusion sociopolitique des personnes ayant un « projet ».

Cette descente bienveillante au niveau du citoyen individuel créatif et entreprenant est la preuve concrète du souci de participation civique par des voies qui contribuent à la toile institutionnelle[3] sans chercher la rupture politique radicale avec elle, donc sans atteindre la légitimité des systèmes de gouvernance fondés sur ce que nous pouvons appeler la démocratie liée au marché libre et financiarisé. Il s'agit de favoriser l'intelligence collective pour réussir la « 3ème révolution industrielle » et probablement en même temps de prévoir une soupape de sécurité pour la pression vers la

---

propres à un tel environnement ; v. Orazi, D., Turrini, A. & Valotti, G., 2013, « Le leadership du secteur public : nouvelles perspectives pour la recherche et la pratique », *Revue Internationale des Sciences Administratives*, 3(3), 521-541. https://doi.org/10.3917/ risa.793.0521

[1] N. Bozatzis, M. Dobré, M. Lianos et L. Vicsek, 2004, *Uncertainty and Insecurity in Europe, Report to the European Commission*, Bruxelles ; aussi, Lianos M., 2016, "Work is Failing us" *European Societies*, vol. 18, no 1.

[2] Leminen S. & Westerlund M., 2019, "Living Labs: From Scattered Initiatives to a Global Movement", *Creativity and Innovation Management*, 28 (2), 250-264. https:// doi.org/10.1111/caim.12310

[3] Lianos M., 2001, *Le nouveau contrôle social. Toile institutionnelle, normativité et lien social*, L'Harmattan, Paris.

participation directe[1]. Cette inclusivité organisée en tant qu'ascendante, mais soutenue et financée en effet par le haut, rapproche encore plus le public et le privé sur un plan d'un rapport de disponibilité constante avec les citoyens, censé aboutir au bien-être individuel et collectif, local et planétaire. Nous sommes ainsi devant un partenariat supposé horizontal au bénéfice non seulement des humains, mais de toutes les espèces à travers la priorité environnementale.

2. Le leadership capillaire

Il devient évident que ce cadre d'une toile publique-privée sans couture, sur laquelle se greffera la participation civique – ou citoyenne, comme on préfère le dire maintenant – se présente comme une proposition neutre, sans orientation particulière sauf pour le souci d'inclure cette entité notoirement insaisissable qu'est « le citoyen ». Or, les représentations de la citoyenneté dans ce contexte sont par définition liées aux circonstances et aux acteurs qui sélectionnent ou cherchent à attirer les citoyens. Les biais sont innombrables, de la dimension pratique (disponibilité, conduits d'information, type de discours invitant à la participation…) aux aspects les plus idéologisés (confiance en l'institution émettrice, positionnement déjà établi face à la question, légitimité du niveau de compétence afin de participer…)[2]. La participation et ses éventuelles suites, jusqu'à la co-construction la plus ouverte et respectueuse, est ainsi une affaire de prise d'initiative différentielle et biaisée, souvent inconsciente et parfois inavouable.

---

[1] D, Rochat PE, Woo SY, van der Heiden N., 2020, "Strengthen Governability rather than Deepen Democracy: Why Local Governments Introduce Participatory Governance", *International Review of Administrative Sciences*, 86(3): 409-426. doi:10.1177/0020852318801508

[2] Einstein, K., Palmer, M., & Glick, D., 2019, "Who Participates in Local Government? Evidence from Meeting Minutes", *Perspectives on Politics*, 17(1), 28-46.

Puisque le, ou la, citoyen.ne idéal-typique n'existe pas, il faut alors ne pas craindre la vérité et se fier aux citoyens volontaires. Il revient donc aux sciences sociales de conceptualiser le modèle de participation à partir de cette volonté individuelle, et parfois groupale. Autrement dit, ce qui rend incontournable la question du leadership est l'indispensable acte de mener une initiative participative, ne serait-ce qu'au niveau le plus abstrait de la société élargie. Mais la question du leadership est habituellement refoulée dans tout effort consacré au changement sociopolitique qui se veut émerger de la base (« *bottom-up* ») et qui aboutit souvent à une collectivité ou un mouvement ; cependant, elle devient aujourd'hui visible par une double dynamique convergente. D'un côté, il y a de moins en moins d'êtres humains qui se contentent de leur appartenance impersonnelle dans une base, masse, mouvement, communauté ou toute autre collectivité qui les dépersonnalise[1]. La revendication d'une condition individuelle inassimilable aux catégorisations sociales, politiques et culturelles devient le socle universel non seulement de la participation, mais de l'existence-même. De l'autre côté, les institutions et les organisations sont en quête de cette participation légitimante plus que jamais et doivent donc utiliser cette individualité comme levier de motivation si elles ne veulent pas sombrer dans une aliénation qui sonnera pour elles le glas en les remplaçant par des structures moins obsolètes. À savoir, aller à la rencontre du citoyen individuel est une voie unique aussi bien en externe qu'en interne pour tout acteur de cette toile institutionnelle sur laquelle nous évoluons[2].

[1] Il est intéressant de considérer ici le débat autour du « servant leadership » ; par exemple, Yang R, Ming Y., Ma J., Huo R., 2017, « How Do Servant Leaders Promote Engagement? A Bottom-Up Perspective of Job Crafting", *Social Behavior and Personality*, 45 (11), pp. 1815-1827(13). DOI: https://doi.org/10.2224/ sbp.6704

[2] Sur la transition du rapport à la sphère politique vers l'individualité, v. Farthing R. 2010, "The Politics of Youthful Antipolitics: Representing the

Comment faire alors pour combiner une structuration de très grande échelle dont les acteurs privés ont souvent une surface financière dépassant le PIB de plusieurs Etats, une organisation politique représentative cherchant à survivre et une société composée des individus de moins en moins susceptibles d'accepter leur amassement en catégories diverses ? Le type de leadership qui correspond à cette triangulation répond à un modèle fluide qui tout en permettant l'initiative maintient une fluidité constante en réduisant la permanence de pouvoir par une série des moyens. On peut présenter ici cinq caractéristiques à la fois émergentes, préfiguratives et programmatiques à propos d'un leadership qui se construit à travers la participation démocratique sans changer sa nature.

1. Pluralité. L'initiative ne se concentre pas sur l'imposition d'un cadre de pensée et d'action, mais sur la polyvalence des propositions émanant des premiers leaders. C'est l'« adhésion » des acteurs qui détermine le contenu du leadership en sélectionnant les ramifications viables de l'initiative.
2. Diversité. La capillarité résout l'un des principaux problèmes du leadership, à savoir la prédétermination des moyens et des méthodes. Le processus sélectionne alors les interactions qui sont les plus porteuses en ce qui concerne l'émergence d'une dynamique partagée. Cela implique aussi la prise de relai par les participants les plus propices à utiliser ces moyens et méthodes, et par là-même, le changement des leaders.
3. Autonomie. Les participants ne peuvent se fixer un rôle permanent, ce qui est une conséquence directe du changement de phases, provoquée par la pluralité et la diversité du processus. Les participants existent alors nécessairement en autonomie d'action dans une structure

---

'Issue' of Youth Participation In Politics", *Journal of Youth Studies*, 13:2, 181-195. DOI: 10.1080/13676260903233696

en fluidité permanente. Autrement dit, l'échange des rôles entre leaders et suiveurs est constant et fiable.
4. Réflexivité. La pratique de cette fluidité augmente l'étendue de la capillarité, car on revient à la posture de la première phase étant donné que l'adhésion des participants détermine une nouvelle pression capillaire. Les suiveurs réticents génèrent donc des réajustements et ne peuvent être écartés ou ignorés.
5. Relayage. La répétition du processus établit comme principe de fonctionnement de la participation que les acteurs se relaient spontanément. Sans ce relayage, le processus est délégitimé aux yeux de tous les participants qui s'attendent à prendre le relai en leadership.

3. La gouvernance pour et par l'environnement

Sous cette perspective, la généralisation de la préoccupation environnementale n'est peut-être pas du tout ce que l'on pense. Elle se présente plutôt comme une coïncidence de dynamiques antagonistes autour du changement sociopolitique, plus que comme une sensibilité véridique. Car, l'environnement est une entité dont le potentiel intéressant est d'externaliser les désaccords politiques[1] en les filtrant à travers deux priorités latérales : la faisabilité technoscientifique et l'intérêt des entités non-humaines, incapables de participer au processus politique elles-mêmes. Il présente donc un socle idéal de convergence socioculturelle donnant la possibilité à chaque acteur d'agir de façon positive en retrouvant une légitimité épuisée ailleurs,

[1] Il est important de réaliser à quel point toutes les composantes du spectre politique se rencontrent par leur revendication d'un rapport fort à l'environnement, de la gauche révolutionnaire à l'extrême droite ; v. par exemple, Forchtner B. (dir.), 2020, *The Far Right and the Environment: Politics, Discourse and Communication*, Routledge, Abingdon.

notamment dans la représentativité politique, la puissance économique ou la massification sociale[1].

Ainsi, « la nature » nous permet de restructurer nos sociétés sur des valeurs qui échappent à des systèmes de pouvoir rigides en fluidifiant nos rôles dans le temps et en légitimant le leadership par la participation plurielle et successive, ce qui était une contradiction totale il y a quelques décennies. Le leadership capillaire reflète ainsi la diversité et l'aléa par son inclusivité en admettant que tout système de participation est toujours en transition, et les influences en son sein flexibles, intermittentes et adaptatives. Sur le socle culturel environnementaliste se construit ainsi une métamorphose discrète, mais profonde du pouvoir politique dans les sociétés humaines.

---

[1] Proedrou F., 2021, "Exploring EU Energy Governance and Policy Under a Demoi-Cratic Lens: Citizen Participation, Output Legitimacy and Democratic Interdependence", *European Politic and Society* .

Structures éditoriales du groupe L'Harmattan

L'Harmattan Italie
Via degli Artisti, 15
10124 Torino
harmattan.italia@gmail.com

L'Harmattan Hongrie
Kossuth l. u. 14-16.
1053 Budapest
harmattan@harmattan.hu

L'Harmattan Sénégal
10 VDN en face Mermoz
BP 45034 Dakar-Fann
senharmattan@gmail.com

L'Harmattan Cameroun
TSINGA/FECAFOOT
BP 11486 Yaoundé
inkoukam@gmail.com

L'Harmattan Burkina Faso
Achille Somé – tengnule@hotmail.fr

L'Harmattan Guinée
Almamya, rue KA 028 OKB Agency
BP 3470 Conakry
harmattanguinee@yahoo.fr

L'Harmattan RDC
185, avenue Nyangwe
Commune de Lingwala – Kinshasa
matangilamusadila@yahoo.fr

L'Harmattan Congo
67, boulevard Denis-Sassou-N'Guesso
BP 2874 Brazzaville
harmattan.congo@yahoo.fr

L'Harmattan Mali
Sirakoro-Meguetana V31
Bamako
syllaka@yahoo.fr

L'Harmattan Togo
Djidjole – Lomé
Maison Amela
face EPP BATOME
ddamela@aol.com

L'Harmattan Côte d'Ivoire
Résidence Karl – Cité des Arts
Abidjan-Cocody
03 BP 1588 Abidjan
espace_harmattan.ci@hotmail.fr

L'Harmattan Algérie
22, rue Moulay-Mohamed
31000 Oran
info2@harmattan-algerie.com

L'Harmattan Maroc
5, rue Ferrane-Kouicha, Talaâ-Elkbira
Chrableyine, Fès-Médine
30000 Fès
harmattan.maroc@gmail.com

Nos librairies en France

Librairie internationale
16, rue des Écoles – 75005 Paris
librairie.internationale@harmattan.fr
01 40 46 79 11
www.librairieharmattan.com

Librairie l'Espace Harmattan
21 bis, rue des Écoles – 75005 Paris
librairie.espace@harmattan.fr
01 43 29 49 42

Lib. sciences humaines & histoire
21, rue des Écoles – 75005 Paris
librairie.sh@harmattan.fr
01 46 34 13 71
www.librairieharmattansh.com

Lib. Méditerranée & Moyen-Orient
7, rue des Carmes – 75005 Paris
librairie.mediterranee@harmattan.fr
01 43 29 71 15

Librairie Le Lucernaire
53, rue Notre-Dame-des-Champs – 75006 Paris
librairie@lucernaire.fr
01 42 22 67 13

www.ingramcontent.com/pod-product-compliance
Lightning Source LLC
LaVergne TN
LVHW010920051026
849532LV00003B/777